ノンプログラマーのための

Visual
Studio
Code

実践活用ガイド

リブロワークス 著

技術評論社

はじめに

　Visual Studio Codeは、原稿執筆からWeb制作、プログラミングまでこなせる多機能テキストエディターとして、人気急上昇中です。その反面、これまでのテキストエディターとはノリが違う部分も多いので、どうにも使い慣れないという人も少なくないようです。

　クセが強いのは確かですが、そうはいっても基本の用途はテキストの入力ですから、とんでもなく難しいわけではありません。いったん慣れてしまえば、無数の拡張機能、HTML、CSS、Markdownの強力なサポート機能など、とても便利な世界が広がっています。

　本書では、Visual Studio Codeに慣れてもらうことを最初の目標とし、「1つの説明をなるべく短くして覚えやすく」「操作説明は見ればわかるように」という方針で解説しました。解説している内容は次のとおりです。

・画面構成などの各種設定
・テキストファイルの編集
・Markdown（マークダウン）原稿の編集
・HTML、CSSなどのWeb関連ファイルの編集
・最近話題のGitHubの使い方

　ノンプログラマーにターゲットを絞ったので、JavaScriptなどのプログラミング言語関連の話題はばっさりカットしました。

　Visual Studio Codeの数ある機能の中でも、特におすすめしたいのが強力なMarkdown編集機能です。Markdownとは、テキストファイルにちょっとした記号を加えて、「見出し」「強調」「箇条書き」「画像挿入」などを指定できるようにした簡易マークアップ記法です。Visual Studio CodeはMarkdownのプレビュー機能（MarkdownをWebページとして表示する機能）が強力で、標準でTeXの数式を表示することもできますし、拡張機能を追加して簡単なフローチャートを描くこともできます。技術ドキュメントを書く人には最適といえるでしょう。

　どんなアプリでも愛を持ってその声に耳を傾け、何が得意で何が苦手なのかを知れば、安定して手足の延長のように動いてくれます。
　皆さんが毎日楽しくVisual Studio Codeを使われることを願っています。

2023年3月 著者記す

CONTENTS

Chapter 1 Visual Studio Codeのキホンの技

Chapter 2 設定とカスタマイズの技

Chapter 3　テキストライティングの技

Chapter 4 Markdownを使った文書作成の技

Chapter 5　HTML／CSS編集の技

Chapter 1

Visual Studio Codeの
キホンの技

Visual Studio Codeの特徴

Visual Studio Code (以降VS Code) は、元々プログラマーのためのコードエディター
として開発されました。しかし、Webページの製作や原稿の執筆にも応用できる機
能を備えているため、ノンプログラマーのユーザーも増えてきています。

VS Codeでできること

VS Codeは、プログラム開発、Web制作、テキスト原稿の執筆など、さまざまな用途に
使えるテキストエディターです。

本来はプログラム用のソースコード (プログラミング言語で書かれたテキストファイル)
を編集するためのものなので、取っつきにくく感じる面もありますが、基本は普通のテ
キストエディターです。一般的な文章などを書くために使ってもまったく問題ありませ
ん (本書の原稿もVS Codeで書いています)。
従来のテキストエディターにはないメリットとしては、プログラミングができることに加
えて、**VS Code本体の機能追加や、拡張機能の追加が非常に早い**ことです。流行のオー
プンソースソフトウェア (ソースコードが公開され、誰でも開発に参加できる) なので、
世界中の開発者がVS Codeを便利にするプログラムを開発し、原則無料で提供してくれ
ています。

原稿執筆ツールとしてのVS Code

VS Codeのテキスト編集機能は、初期状態でも他のテキストエディターと比べて不足ないものです。文字数カウントといった、テキスト編集用の拡張機能もいろいろ提供されているので、自分が使いやすい形にカスタマイズできます（第3章参照）。

VS Codeならではの特徴は、公文書などの作成にも使われはじめている**Markdown（マークダウン）**のサポートが厚いことです。Markdownはドキュメント記述言語の一種で、#や*などの記号で「見出し」「強調」「箇条書き」などの簡単な書式を指定でき、HTML（Webページのファイル）にも変換可能です。
VS Codeは標準でかなり強力なMarkdownプレビュー機能を備えています。編集中にリアルタイムで更新されるだけでなく、スクロール同期表示や、複数のMarkdownファイルを切り替えながら表示することもできます。

Web制作を支援する機能も豊富

VS CodeはWeb制作向けの機能も強力です。標準でも、途中まで入力したHTMLやCSSのコードを補ってくれる**コード補完機能**や、色指定を実際に見ながら行える**カラーピッカー**を備えています。また、Web制作では複数のファイルを扱うので、画面左のエクスプローラーによるファイル操作も役立ちます。

Live Previewも、Web制作に欠かせない機能です。HTMLやCSSの編集に連動してWebブラウザでのプレビューを自動更新してくれる拡張機能で、Webブラウザでいちいち再読み込みする手間を省けます。

実はVS Code自体がJavaScriptやChromiumなどのWebブラウザと同じ技術で作られているので、それもWeb制作と相性がいい理由の1つかもしれません。

プログラミングやバージョン管理も目指せる

近頃は、「ノンエンジニアでもプログラミングを覚えたほうがいい」という声が大きくなっています。プログラムを開発するには、普通なら統合開発環境 (IDE) などの開発ツールが必要なのですが、VS Codeなら各プログラミング言語用の拡張機能をインストールすれば、プログラミングにも使うことができます。

バージョン管理ツールのGit (ギット) もプログラミングと共に話題に上がることがあります。バージョン管理ツールとは、「ファイルのどこを誰がいつ変更したのか」を記録するもので、本来はプログラムのソースコードを管理するために使いますが、Markdownなどで書かれた文書の管理に使っても便利です。

このようにVS Codeは、「テキストを書く」以外のさまざまな用途にあなたを導いてくれる、強力な相棒なのです。

VS Code をインストールする

VS Code はパソコンに標準搭載されていないため、VS Code を使う前にパソコンにインストールする必要があります。VS Code は公式ページから無償で提供されています。Windows と macOS に VS Code をインストールする手順を紹介します。

公式ページからインストーラをダウンロードする

インストーラをダウンロードする

VS Code をインストールするために、公式ページからインストーラをダウンロードします。インストーラは以下の URL からダウンロードしましょう。

・Visual Studio code
https://code.visualstudio.com/

1 公式ページを開きます。

2 < Download for Windows >ボタンをクリックします。

インストーラを選択してインストールする

手順**2**のボタンをクリックすると、自動的に環境に合わせたインストーラがダウンロードされます。インストーラを選択したい場合、ダウンロードボタンの横の⌄をクリックすると、OS やバージョンを選択できます。

column Mirosoft Storeからインストールする

VS Code は Microsoft Store からもインストールできます。Microsoft Store のウィンドウを開いたら、「vscode」で検索して＜インストール＞をクリックしてください。

Windows版のインストール手順

インストーラをダウンロードしたら、手順に従って VS Code をインストールしましょう。

1 ＜ファイルを開く＞をクリックします。

インストーラを開くと、セットアップ画面がポップアップ表示されます。

2 「同意する」にチェックを入れます。

3 ＜次へ＞をクリックします。

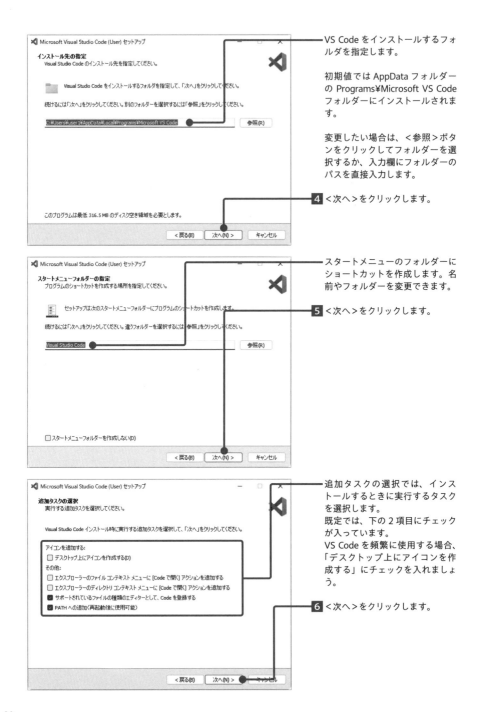

VS Code をインストールするフォルダを指定します。

初期値では AppData フォルダーの Programs¥Microsoft VS Code フォルダーにインストールされます。

変更したい場合は、<参照>ボタンをクリックしてフォルダーを選択するか、入力欄にフォルダーのパスを直接入力します。

4 <次へ>をクリックします。

スタートメニューのフォルダーにショートカットを作成します。名前やフォルダーを変更できます。

5 <次へ>をクリックします。

追加タスクの選択では、インストールするときに実行するタスクを選択します。
既定では、下の 2 項目にチェックが入っています。
VS Code を頻繁に使用する場合、「デスクトップ上にアイコンを作成する」にチェックを入れましょう。

6 <次へ>をクリックします。

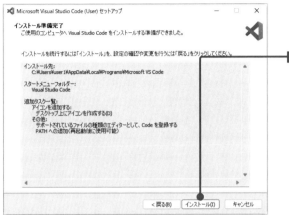

インストールの準備が完了しました。ここまで設定した内容に間違いがないことを確認しましょう。

7 ＜インストール＞をクリックします。

8 インストールが始まります。

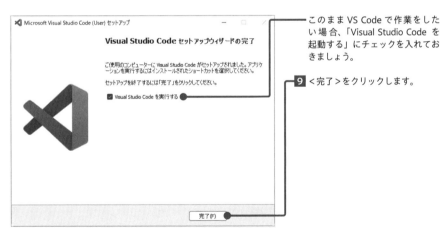

このまま VS Code で作業をしたい場合、「Visual Studio Code を起動する」にチェックを入れておきましょう。

9 ＜完了＞をクリックします。

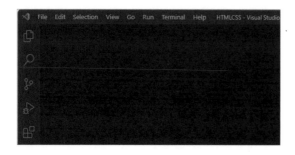

10 <Visual Studio Code を起動する>にチェックが入っている場合、VS Code が起動します。

macOS版のインストール手順

macOSの場合、インストーラはzip形式でダウンロードされます。Safariでダウンロードした場合はzipファイルが自動的に展開されます。

ダウンロードされたファイルは、ダウンロードフォルダーに保存されます。ダウンロードフォルダーを整理するときに誤削除を避けるため、VS Codeをアプリケーションフォルダーへ移動しましょう。

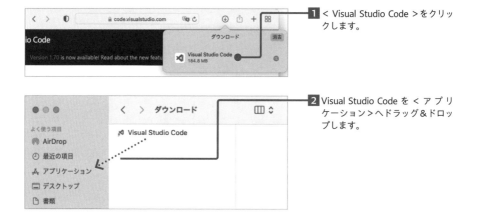

1 < Visual Studio Code >をクリックします。

2 Visual Studio Code を < アプリケーション>へドラッグ＆ドロップします。

---

^{column} **タスクバーやドックにピン留めする**

Windowsではタスクバー、macOSではドックにVS Codeをピン留めすることで、VS Code をすばやく利用することができます。

Windowsでは、スタートメニューにあるVS Codeのアイコンを右クリック→<タスクバーにピン留めする>を選択します。macOSでは、アプリケーションフォルダーにあるVS Codeをドックにドラッグ＆ドロップすることでピン留めができます。

VS Codeを日本語化する

VS Codeの画面はインストール時に自動的に日本語化されますが、うまく設定されなかったり、何かのひょうしに英語に戻ってしまったりすることがあります。そこで、ここでは手動で日本語化する方法を解説します。

拡張機能について

VS Codeには、標準搭載されている機能に新たな機能を追加できます。それが**拡張機能**です。拡張機能には、VS Codeを提供しているMicrosoft社が提供しているものと一般のユーザーが開発したものがあります。本書では扱いませんが、自分で拡張機能を作成して公開することもできます。
それでは、拡張機能の探し方を紹介します。アクティビティバーの<拡張機能>をクリックすると、Marketplaceが開きます。おすすめの拡張機能やMarketplaceの検索欄から調べ、目的の拡張機能を見つけましょう。

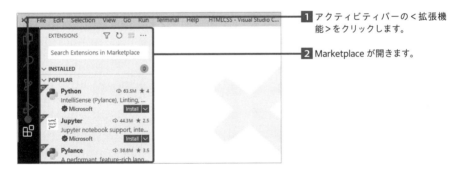

1 アクティビティバーの<拡張機能>をクリックします。

2 Marketplace が開きます。

拡張機能の詳しい導入方法については、P.66で解説します

VS Codeを日本語化する拡張機能をインストールする

コンピュータの言語を英語以外に設定している場合、VS Codeをはじめて起動したときに言語を変更するか確認するダイアログが表示されます。<インストールして再起動（Install and Restart）>をクリックすることで日本語化できます。

それでは日本語化の拡張機能「Japanese Language Pack for Visual Studio Code」をインストールしましょう。

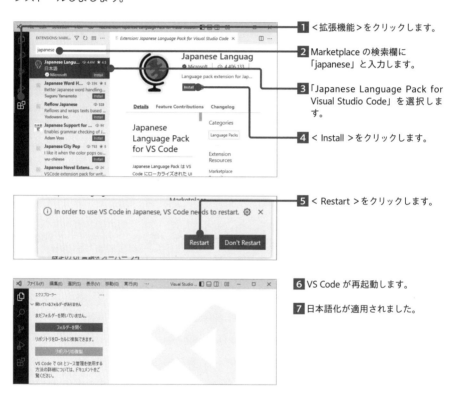

1 <拡張機能>をクリックします。

2 Marketplace の検索欄に「japanese」と入力します。

3 「Japanese Language Pack for Visual Studio Code」を選択します。

4 < Install >をクリックします。

5 < Restart >をクリックします。

6 VS Code が再起動します。

7 日本語化が適用されました。

VS Codeが英語に戻ってしまったときの対処法

拡張機能「Japanese Language Pack for Visual Studio Code」をインストールしたあとも、VS Codeをアップデートしたタイミングなどで表示言語が英語に戻ってしまうことがあります。そのようなときはコマンドパレット（P.70参照）から日本語表示に戻しましょう。

1 Ctrl + Shift + P （Macでは command + shift + P）キーを押します。

2 コマンドパレットが表示されます。

続いて、コマンドパレットでコマンドを検索、選択します。P.70でも説明していますが、検索欄の「>」を削除しないよう注意しましょう。

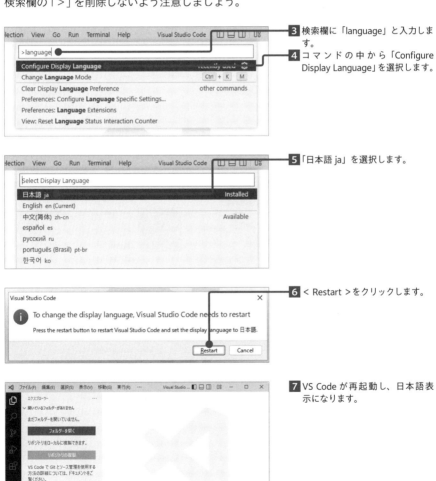

3 検索欄に「language」と入力します。

4 コマンドの中から「Configure Display Language」を選択します。

5 「日本語 ja」を選択します。

6 < Restart >をクリックします。

7 VS Code が再起動し、日本語表示になります。

column

Marketplaceで拡張機能を探す

VS Codeの拡張機能は、下記のページから検索することもできます。

・Extension for Visual Studio Code
https://marketplace.visualstudio.com/vscode

VS Code上では拡張機能のヘッダーが固定されているため、拡張機能の詳細情報を確認するときに不便です。
Webブラウザで開くことで、広い画面で説明を読むことができます。

VS Code を起動する

VS Code の起動は、他のアプリと同様にスタートメニューやアプリケーションフォ
ルダーを利用します。拡張子と VS Code の関連づけを行うと、ファイルのダブルク
リックで開けるようになります。

VS Codeを起動する方法

WindowsでVS Codeを起動する

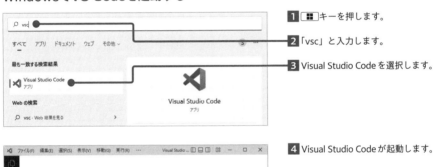

1 ⊞ キーを押します。

2 「vsc」と入力します。

3 Visual Studio Code を選択します。

4 Visual Studio Code が起動します。

macOSでVS Codeを起動する

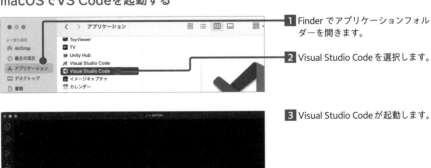

1 Finder でアプリケーションフォル
ダーを開きます。

2 Visual Studio Code を選択します。

3 Visual Studio Code が起動します。

VS Codeと.txt形式のファイルを関連づける

特定のファイル形式とVS Codeを関連づけると、その形式のファイルをダブルクリックするだけで、VS Codeが起動し、そのファイルが開かれます。

Windowsで関連づける

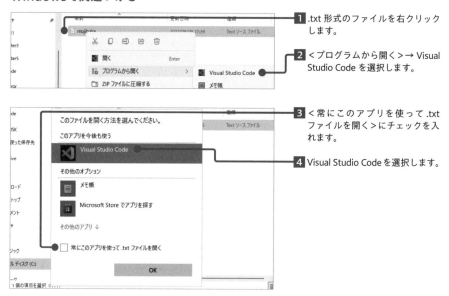

1 .txt 形式のファイルを右クリックします。

2 ＜プログラムから開く＞→ Visual Studio Code を選択します。

3 ＜常にこのアプリを使って .txt ファイルを開く＞にチェックを入れます。

4 Visual Studio Code を選択します。

macOSで関連づける

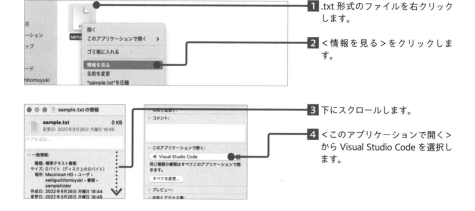

1 .txt 形式のファイルを右クリックします。

2 ＜情報を見る＞をクリックします。

3 下にスクロールします。

4 ＜このアプリケーションで開く＞から Visual Studio Code を選択します。

VS Codeの画面構成を知る

VS Codeは6つの画面部位で構成されます。画面の各部位は大きさや配置を自由に変えることができます。実際の操作を始める前に、まずは画面各部の名称を覚え、各部でできることを知っておきましょう。

画面各部の名称

VS Codeで本格的な作業を始める前に、画面の構成を覚えましょう。VS Codeの画面は5つの領域で構成されています。

メニューバー

ファイルやフォルダーの編集や保存など、さまざまな機能を呼び出す部分です。メニューバーに含まれる多くの機能は、ショートカットキーやコマンドパレット（P.70参照）からも操作できます。

また、VS Codeのウィンドウ幅が狭くなると、メニューバーが折り畳まれます。一部の項目が折り畳まれたときは右端の ⋯ を、すべての項目が折り畳まれたときは ☰ をクリックして、メニューを展開しましょう。

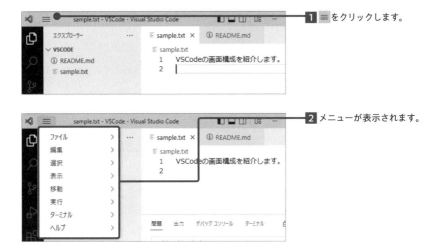

1 ☰ をクリックします。

2 メニューが表示されます。

アクティビティバー

アクティビティバーのアイコンを選択すると、サイドバーのビューが切り替わります。

アクティビティバーのアイコン

アイコン	名前	説明
🗐	エクスプローラー	開いているファイルやフォルダー、ワークスペース（P.58参照）を一覧表示します
🔍	検索	ワークスペース内のファイルやフォルダーから指定したキーワードを検索します
⌥	ソース管理	Git（第6章）と連携するソース管理機能を利用できます

 実行とデバッグ	プログラムを実行、デバッグします
拡張機能	拡張機能のインストールや、インストールした機能を管理します

サイドバー

アクティビティバーのアイコンを選択すると、サイドバーのビューが開きます。それぞれのビューについては、本書を通して説明していくので、ここではサイドバーを折り畳む方法を紹介します。

1 現在表示されているビューのアイコン（この場合は＜エクスプローラー＞）をクリックします。

2 サイドバーが折り畳まれます。再度アイコンをクリックすると、サイドバーが展開されます。

エディター

エディター画面は、ファイル編集の基本となる画面です。VS Codeでは、複数のファイルをタブごとに表示し、切り替えながら編集できます。
さらに、エディター画面を分割（P.106参照）することで、複数のファイルを並べて比較しながら作業できます。

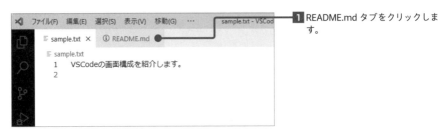

1 README.md タブをクリックします。

2 README.md ファイルに切り替わります。

パネル

パネルは、各種のエラーなどの情報が表示され、タブによって内容を切り替えることができます。初期状態ではエディターの下に表示されますが、ドラッグ&ドロップでサイドバーにアイコンとして格納したり、別の領域に表示したりすることができます。

パネルの項目一覧

名前	説明
問題	ワークスペースにあるソースコード内のエラーや警告を表示します
出力	タスクのログやGitのログ、拡張機能の出力を表示します。プルダウンメニューを切り替えることで、目的の出力を確認できます
ターミナル	コマンドによる命令を実行します
デバッグコンソール	デバッグ実行中にコンソールとして使用できます

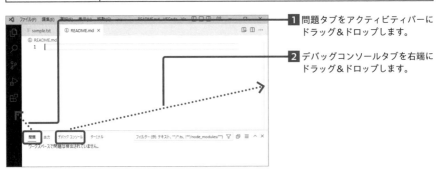

1 問題タブをアクティビティバーにドラッグ&ドロップします。

2 デバッグコンソールタブを右端にドラッグ&ドロップします。

3 パネルの項目がそれぞれ移動しました。

---

^{column} **パネルを表示する**

新規でウィンドウを開いたときは、パネルは表示されません。パネルを開く方法を2つ紹介します。1つはメニューバーを使って開く方法です。メニューバーの＜表示＞→＜外観＞→＜パネル＞を選びます。

もう1つはショートカットキーを使った方法です。Windowsなら Ctrl + J キー、macOSなら command + J キーでパネルが開きます。

ステータスバー

ステータスバーには、エラーや警告の数や開いているファイルの文字コード、拡張子などの情報が表示されます。
ステータスバーを使った文字コードの変更などはP.111で紹介します。

section 006

単独のファイルを開く／閉じる

1つのファイルを開く方法は、他のアプリと変わりません。＜ファイル＞メニューなどからファイルを開くためのダイアログを表示して、ファイルを選択します。複数ファイルにまたがって作業をするときは、まずフォルダーを開くことを推奨します（P.36参照）。

単独のファイルを開く

メニューから開く

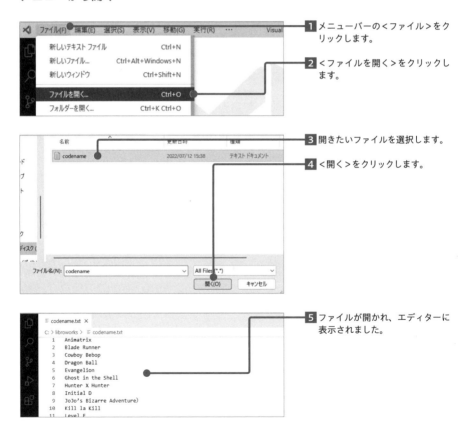

1 メニューバーの＜ファイル＞をクリックします。

2 ＜ファイルを開く＞をクリックします。

3 開きたいファイルを選択します。

4 ＜開く＞をクリックします。

5 ファイルが開かれ、エディターに表示されました。

ファイルアイコンをドラッグ＆ドロップして開く

WindowsのエクスプローラーやmacのFinderからドラッグ＆ドロップすると、ファイルをVS Code上で開けます。

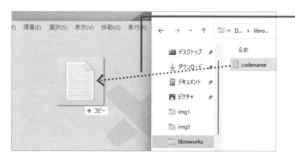

1 Windows のエクスプローラーからファイルをドラッグします。

2 VS Code のエクスプローラービューが青く表示されたら、ドロップします。

3 ファイルが開かれ、エディターに表示されました。

ファイルを閉じる

ファイルを閉じるには、下図のように＜ファイル＞メニューを使うか、エディターのタブの × をクリックします。

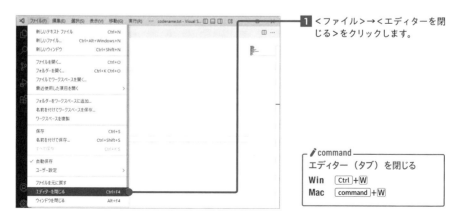

1 ＜ファイル＞→＜エディターを閉じる＞をクリックします。

```
command
エディター（タブ）を閉じる
Win   Ctrl + W
Mac   command + W
```

作業用のフォルダーを開く

1つの仕事が、1つのテキストファイルだけで完結することはまれです。フォルダーを開くことで、その中にあるファイルを素早く切り替えながら作業できます。さらに、エクスプローラービューで簡単なファイル操作も可能です。

フォルダーを開く

メニューから開く

1 <ファイル>→<フォルダーを開く>をクリックします。

2 開きたいフォルダーを選択します。

3 <フォルダーの選択>をクリックします。

4 エクスプローラービューにフォルダーが表示されます。

command ──
フォルダーを開く
| Win | Ctrl+K の次に Ctrl+O |
| Mac | command+O |

エクスプローラービューから開く

1 エクスプローラービューでファイルやフォルダーを1つも開いていない場合、<フォルダーを開く>をクリックします。

2 開きたいフォルダーを選択します（以降の手順はメニューから開く場合と同じです）。

---

^{column} **「ファイルの作成者を信頼しますか？」と表示された場合は？**

VS Code でファイルやフォルダーを開くときに、「このフォルダー内のファイルの作成者を信頼しますか？」という警告が表示されることがあります。VS Codeはファイルの中に書かれたプログラムを自動実行することもあるため、危険なファイルを開いた際に、問題が起きる可能性があるためです。

自分で作成したファイルやフォルダーを開く場合であれば問題が起きることはまずないため、<はい、作成者を信頼します>をクリックして大丈夫です。インターネットからダウンロードしたファイルなど、セキュリティ面で不安があるものを開く場合は、<いいえ、作成者を信頼しません>をクリックしましょう。

<いいえ、作成者を信頼しません>を選択すると、ファイルを自動で実行する機能を無効にする「制限モード」で、ファイルやフォルダーが開かれます。

フォルダー内のファイルを
開く／新規作成する

VS Code には、フォルダーにある複数のファイルを並行して編集するのに便利な機能がたくさん備わっています。まずは、フォルダー内のファイルを開く方法と、新しいファイルを作成する方法を解説します。

既存のファイルを開く

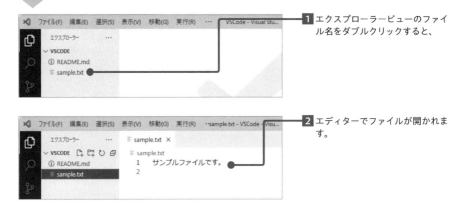

1 エクスプローラービューのファイル名をダブルクリックすると、

2 エディターでファイルが開かれます。

新しいファイルを作成する

VS Code でフォルダーを開いているとき、そのフォルダー内に新しいファイルを作成できます。

アイコンから作成する方法

1 <新しいファイル>をクリックします。

2 ファイル名を入力します。「.txt」などの拡張子まで指定することに注意しましょう。

3 新しいファイルが作成され、エディターで開かれます。

右クリックメニューから作成する方法

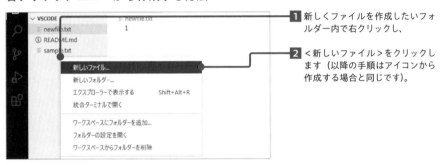

1 新しくファイルを作成したいフォルダー内で右クリックし、

2 ＜新しいファイル＞をクリックします（以降の手順はアイコンから作成する場合と同じです）。

---

column

メニューバーからファイルを新規作成する方法

メニューバーから＜ファイル＞→＜新しいテキストファイル＞をクリック、または Ctrl + N （Macでは command + N ）キーを押すと、無名のファイルを新規作成できます。

しかし、この方法で作成されるファイルは拡張子が決まっていないため、VS Codeがもつ言語ごとの入力支援機能を利用できません。＜言語の選択＞をクリックし、ファイルの種類を選ぶ必要があります。

そのため、最初からファイル名と拡張子を入力して新規作成したほうが、スムーズに作業を進められます。

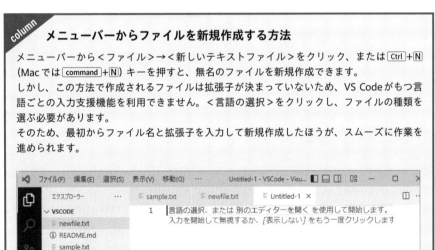

フォルダー内のファイルを
素早く確認する

フォルダー内にある複数のファイルの内容を手早く確認したい場合は、エクスプローラービューのファイルを、ダブルクリックではなくクリックして開いてください。タブが増えないので、いちいち閉じる手間を減らせます。

クリックしてファイルを開く

1 エクスプローラービューに表示されているファイルをクリックすると、

2 ファイルが開かれます。ダブルクリックで開いたときと異なり、タブのファイル名が斜体になっています。

3 この状態で他のファイルをクリックすると、新しいタブは開かず、ファイルが切り替わります。ただし、文字を編集した場合はタブが固定されるので、勝手に切り替わることはありません。そのあとに**1**の手順で別ファイルを開くと、新たなタブが開きます。

ファイルを保存する／閉じる

ファイルを保存する操作は、一般的なテキストエディターと変わりません。保存先やファイル名を指定して保存します。フォルダーを開いた状態であれば、そこが保存先になっているので、手軽に保存できます。

ファイルを上書き保存する

1 未保存のファイルのタブには●が付いています。

2 <ファイル>→<保存>をクリックしてファイルを保存すると、●が×に変わります。
この状態で×をクリックするとファイルを閉じます。

command

ファイルを保存する

Win `Ctrl`+`S`
Mac `command`+`s`

名前を付けて保存する

Win `Ctrl`+`Shift`+`S`
Mac `command`+`shift`+`s`

名前を付けてファイルを保存する方法

ファイル名を変えて保存をしたい場合は、メニューバーから<ファイル>→<名前を付けて保存>をクリックします。「名前を付けて保存」ダイアログが表示されるので、保存先を確認した上でファイル名を入力して、<保存>をクリックすることで保存ができます。

タブを使ってファイルを切り替える

VS Code は複数のファイルを同時に開けるタブ方式のエディターです。開いている
ファイルが多くてタブが表示しきれていない場合は、エクスプローラービューや
ショートカットキーなども併用すると便利です。

＜開いているエディター＞で切り替える

1 エクスプローラービューの＜開い
ているエディター＞のファイル名
をクリックして、

2 ファイルを切り替えることができ
ます。

> ✎ command
> タブを切り替える
> **Win** `Alt` + `PgUp` / `PgDn`
> **Mac** `command` + `K` の次に
> `command` + `shift` + `←` / `→`

ショートカットキーでタブのリストを表示する

1 `Ctrl` + `Tab`（Macでは`control` + `Tab`）
キーを押すと、タブのリストが表
示されます。

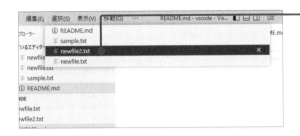

2 Ctrl キーを押したまま、目的の
ファイルが選ばれるまで何度か
Tab キーを押し、キーを離します。

タブの順番を入れ替える

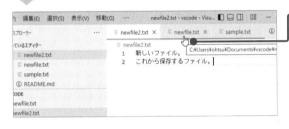

1 移動したいタブにマウスポイン
ターを合わせ、

2 目的の位置までドラッグします。

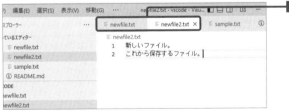

3 タブの順番が入れ替わりました。

---

column

タブをエディターの端にドラッグすると

エディターの左右や下端までタブをドラッグすると、エディターを分割して表示することが
できます (P.106参照)。

画面を見やすくカスタマイズする

VS Code は、エディターやサイドバーなどの領域を自由に調整することができます。
画面やフォントサイズを拡大／縮小し、使用していないバーは非表示にするなど工
夫して、編集に集中しやすい画面を設定しましょう。

画面の倍率を変える

画面の倍率を変えると、VS Codeそのものの外観が拡大／縮小します。エディターに表
示される文字だけではなく、メニューバーの文字やアクティビティバーのアイコンの大
きさも変わります。

画面の倍率を拡大する

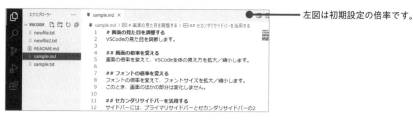

左図は初期設定の倍率です。

1 ＜表示＞→＜外観＞→＜拡大＞を
クリックします。

command

拡大

Win	Ctrl + ;
Mac	command + shift + -

2 画面が拡大されました。
1回で 20% 拡大表示されます。
左図は 40% 拡大した状態です。

画面の倍率を縮小する

1 ＜表示＞→＜外観＞→＜縮小＞を
クリックします。

✎ command

縮小

Win Ctrl + ―

Mac command + ―

2 画面が縮小されました。
1回で 20% 縮小表示されます。
左図は 60%（初期設定の 20%）
縮小した状態です。

画面の倍率を元に戻す

1 <表示>→<外観>→<ズームの
リセット>をクリックします。

command
ズームのリセット
Win	Ctrl + テンキーの 0
Mac	command + テンキーの 0

2 画面の倍率が初期設定にリセット
されました。

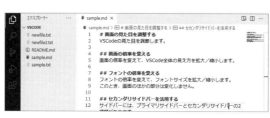

フォントの倍率を変える

フォントの倍率を変えると、画面全体ではなく、エディターに表示される文字のみ拡大
／縮小します。設定画面からフォントサイズを変更する方法はP.74で説明します。

マウスホイールでフォントの倍率を変える

1 <ファイル>→<ユーザー設定>
→<設定>をクリックします。

command
設定を開く
Win	Ctrl + ,
Mac	command + ,

46

2 検索欄に「mouse」と入力します。

3 < Editor: Mouse Wheel Zoom > にチェックを入れます。

4 Ctrl を押したままマウスホイールを動かすと、フォントサイズを拡大／縮小できます。

コマンドでフォントの倍率を変える

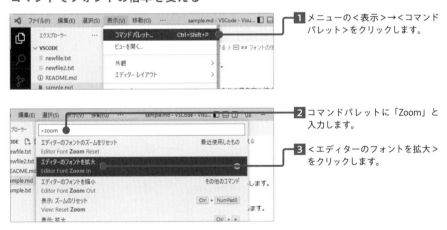

1 メニューの<表示>→<コマンドパレット>をクリックします。

2 コマンドパレットに「Zoom」と入力します。

3 <エディターのフォントを拡大>をクリックします。

セカンダリサイドバーを表示する

サイドバーには、プライマリサイドバーとセカンダリサイドバーの2種類があります。VS Codeの初期設定では、プライマリサイドバーだけが表示されています。プライマリサイドバーに情報が多い場合は、セカンダリサイドバーも使うと、情報を分割して表示することができます。

メニューからセカンダリサイドバーを表示する

1 ＜表示＞→＜外観＞→＜セカンダリサイドバーを表示する＞をクリックします。

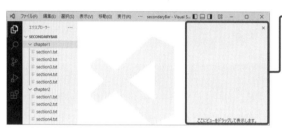

2 セカンダリサイドバーが表示されます。

セカンダリサイドバーにビューを表示する

セカンダリサイドバーには、エクスプローラービュー内の＜アウトライン＞や＜タイムライン＞、アクティビティバーの＜検索＞や＜ソース管理＞を配置できます。

セカンダリサイドバーはプライマリサイドバーと同様に、複数のビューを配置することもできます。

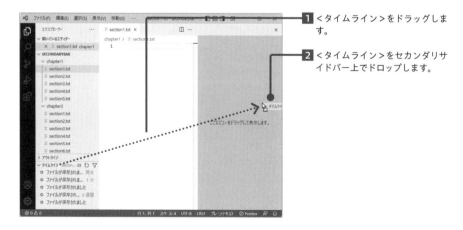

1 ＜タイムライン＞をドラッグします。

2 ＜タイムライン＞をセカンダリサイドバー上でドロップします。

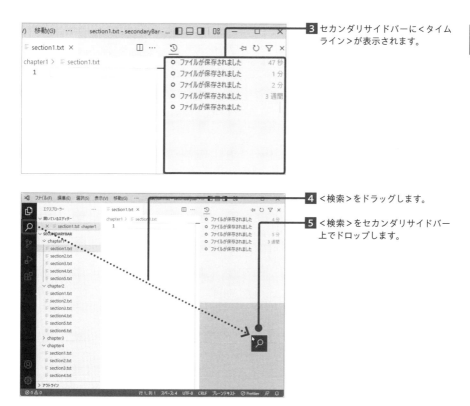

3 セカンダリサイドバーに＜タイムライン＞が表示されます。

4 ＜検索＞をドラッグします。

5 ＜検索＞をセカンダリサイドバー上でドロップします。

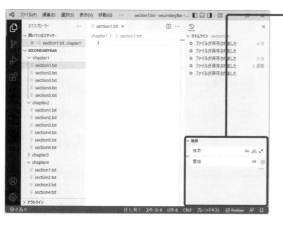

6 セカンダリサイドバーに＜検索＞が表示されます。

1

Visual Studio Codeのキホンの技

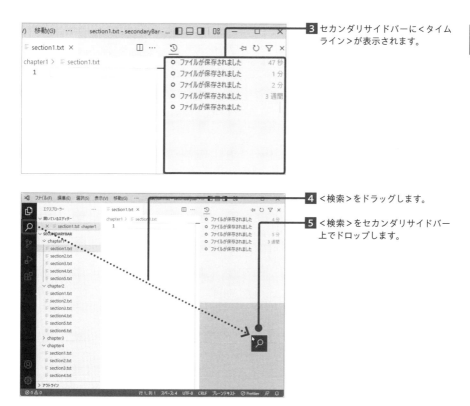

3 セカンダリサイドバーに＜タイムライン＞が表示されます。

4 ＜検索＞をドラッグします。

5 ＜検索＞をセカンダリサイドバー上でドロップします。

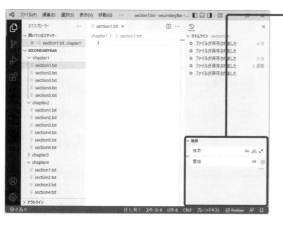

6 セカンダリサイドバーに＜検索＞が表示されます。

ドラッグ＆ドロップでセカンダリサイドバーを表示する

メニューを使わずにセカンダリサイドバーを表示する方法も紹介します。

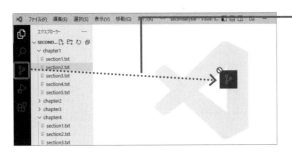

1 ＜ソース管理＞を右側にドラッグします。

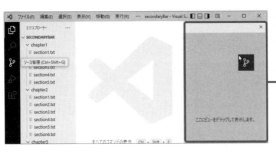

2 セカンダリサイドバーが表示されるのでドロップします。

---

column

セカンダリサイドバーに配置したビューの復元

セカンダリサイドバーを閉じると、配置していたビューも同時にウィンドウから消えてしまいます。そのときは焦ることなく、メニューバーの＜表示＞→＜ビューを開く＞を選択しましょう。表示される候補の中から、消えてしまったビューを選択すると、再表示できます。

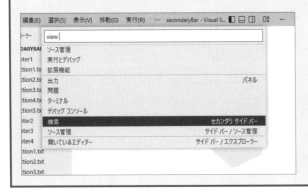

フォルダー内のファイルを整理する

VS Code のエクスプローラービューでは、ドラッグ＆ドロップで手軽にフォルダー、ファイルの移動ができるほか、Windows のエクスプローラーや Mac の Finder などのファイル管理ツールとの連携もできます。

ドラッグ&ドロップで移動する

P.36の方法でフォルダーを開くと、エクスプローラービューでフォルダーの階層が見られるだけでなく、フォルダーをまたいだフォルダーやファイルの移動がマウス操作で直感的に行えます。

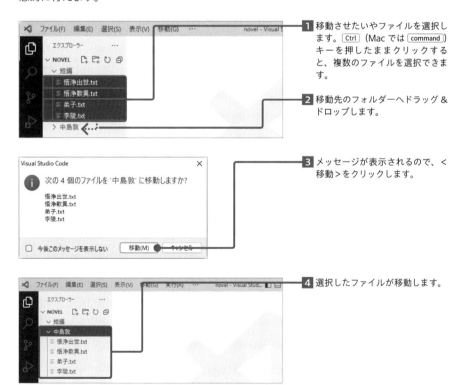

1 移動させたいやファイルを選択します。 Ctrl （Mac では command ）キーを押したままクリックすると、複数のファイルを選択できます。

2 移動先のフォルダーへドラッグ＆ドロップします。

3 メッセージが表示されるので、<移動>をクリックします。

4 選択したファイルが移動します。

別のアプリからファイルをコピーする

WindowsのエクスプローラーやMacのFinderから、VS Codeにファイルをコピーできます。

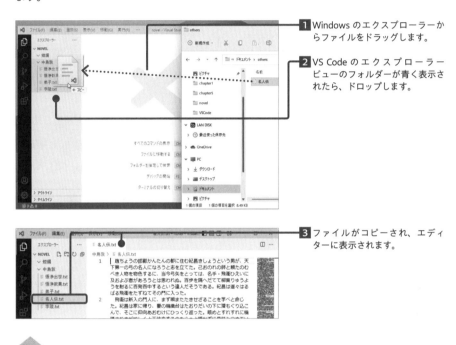

1 Windows のエクスプローラーからファイルをドラッグします。

2 VS Code のエクスプローラービューのフォルダーが青く表示されたら、ドロップします。

3 ファイルがコピーされ、エディターに表示されます。

ファイルをコピー&ペーストする

1 ファイル名を右クリックし、

2 <コピー>をクリックします。

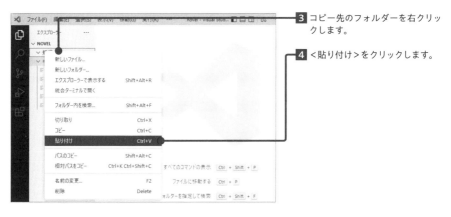

3 コピー先のフォルダーを右クリックします。

4 <貼り付け>をクリックします。

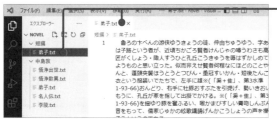

5 ファイルがコピーされ、エディターに表示されます。

ファイルを削除する

1 ファイル名を右クリックし、

2 <削除>をクリックします。

┌─ command ─────────
ファイルの削除

Win `Delete`

Mac `command` + `Delete`
└───────────────────

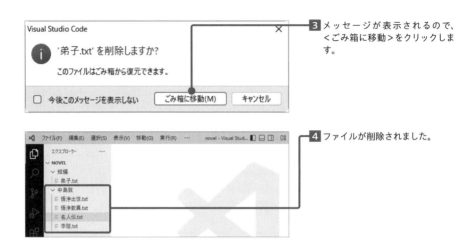

3 メッセージが表示されるので、
<ごみ箱に移動>をクリックします。

4 ファイルが削除されました。

ファイル名を変更する

1 ファイル名を右クリックし、

2 <名前の変更>をクリックします。

> ✏ command
>
> ファイル名の変更
>
> **Win** `F2`
> **Mac** `Return`

3 ファイル名を変更して、`Enter`
キーを押します

4 ファイル名が変更されました。

1

Visual Studio Codeのキホンの技

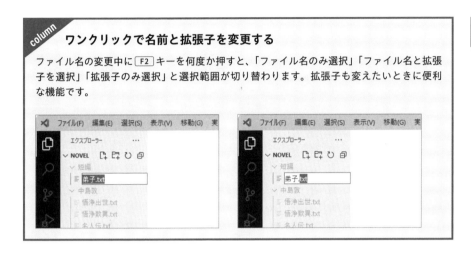

column ワンクリックで名前と拡張子を変更する

ファイル名の変更中に F2 キーを何度か押すと、「ファイル名のみ選択」「ファイル名と拡張子を選択」「拡張子のみ選択」と選択範囲が切り替わります。拡張子も変えたいときに便利な機能です。

フォルダーを作成する

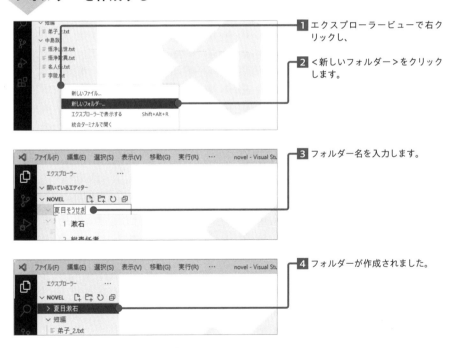

1 エクスプローラービューで右クリックし、

2 <新しいフォルダー>をクリックします。

3 フォルダー名を入力します。

4 フォルダーが作成されました。

複数のウィンドウを開いて作業する

VS Codeのウィンドウは必要なだけ新たに開けます。案件ごとに異なるウィンドウ
で異なるフォルダーを開くようにすると、複数の案件を並行して作業ができます。
ウィンドウを分けることで、それぞれの作業に集中できます。

新しいウィンドウを開く

1 メニューバーの＜ファイル＞→
＜新しいウィンドウ＞をクリック
します。

2 新しいウィンドウが表示されまし
た。

> 🖊 command
> 新しいウィンドウ
> **Win** Ctrl + shift + N
> **Mac** command + shift + N

3 ウィンドウごとに別のフォルダー
を開き、並行して作業できます。

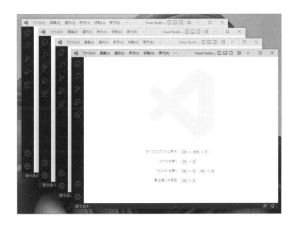

4 **1**～**3** までの手順を繰り返すと、さらにウィンドウを開けます。

ウィンドウを閉じる

1 <閉じる>ボタンをクリックすると、

2 ウィンドウが閉じます。

┌─ command ─────────────────
│ ウィンドウを閉じる
│ **Win** Ctrl + Shift + W
│ **Mac** command + shift + W
└──────────────────────────

---

^{column} **すべてのウィンドウを閉じる**

複数のウィンドウを閉じる場合、それぞれのウィンドウを閉じるのは手間がかかります。Windows のタスクバーや Mac のドックに表示される VS Code のアイコンを右クリックし、<すべてのウィンドウを閉じる>をクリックすると、同時にウィンドウを閉じることができます。

ワークスペースで
複数のフォルダーをまとめる

フォルダーを開く機能では、1つのウィンドウに1つのフォルダーしか開けません。
同時に複数のフォルダーを参照したい場合、ワークスペース機能を利用しましょう。
ワークスペースごとにVS Codeの設定を切り替えることも可能になります。

ワークスペースとは

1つの案件で使用するファイルが1フォルダーにまとまっていないこともあります。その
場合に役立つのがワークスペースです。離れた場所のフォルダーを登録し、エクスプロー
ラービューにまとめて表示できます。

ワークスペース

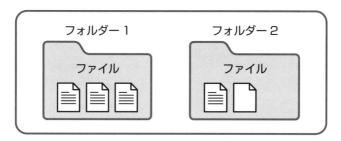

新しいワークスペースを作成する

下の画像は、1つのウィンドウに1つのフォルダーを開いています。ワークスペースを作
成し、複数のフォルダーを開きます。

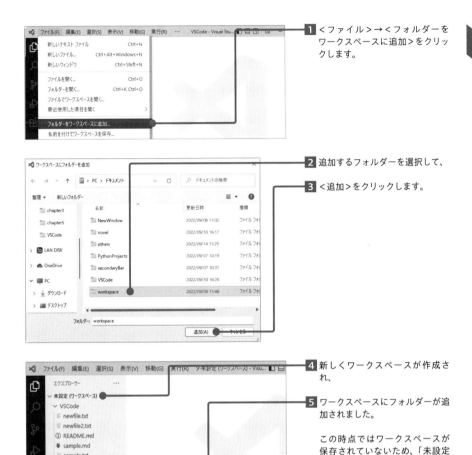

1. <ファイル>→<フォルダーを
ワークスペースに追加>をクリッ
クします。

2. 追加するフォルダーを選択して、

3. <追加>をクリックします。

4. 新しくワークスペースが作成さ
れ、

5. ワークスペースにフォルダーが追
加されました。

この時点ではワークスペースが
保存されていないため、「未設定
（ワークスペース）」と表示されま
す。

ワークスペースを保存する

ワークスペースの情報は、.code-workspaceという拡張子のファイルとして保存する必
要があります。

1 <ファイル>→<名前を付けて
ワークスペースを保存>をクリッ
クします。

2 ファイル名を入力して、

3 <保存>をクリックします。

保存したワークスペースをもう一度開く

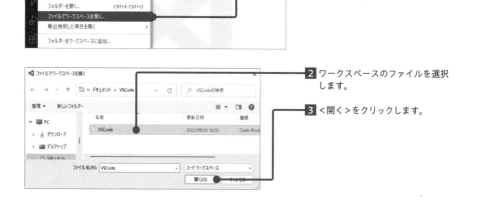

1 <ファイル>→<ファイルでワー
クスペースを開く>をクリックし
ます。

2 ワークスペースのファイルを選択
します。

3 <開く>をクリックします。

4 ワークスペースが開きます。

---

^{column} **ワークスペースフォルダーが解決できないと表示された場合**

ワークスペースを開いて作業しているときに、VS Code外でワークスペースに含まれるフォルダーを削除したり移動したりすると、「ワークスペースフォルダーが解決できない」と表示されることがあります。そのときは、エラーが出ているフォルダーを右クリックしてワークスペースから削除し、再起動するとエラーが消えます。

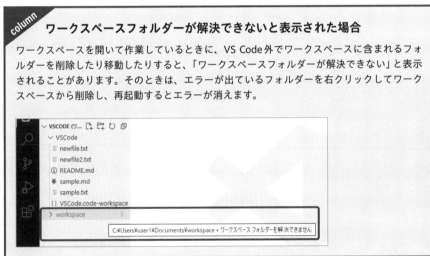

ワークスペースを閉じる

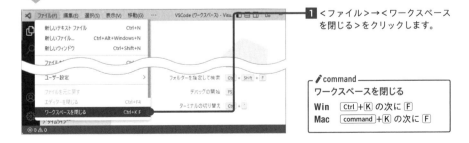

1 <ファイル>→<ワークスペースを閉じる>をクリックします。

🖋 command

ワークスペースを閉じる

Win Ctrl + K の次に F

Mac command + K の次に F

大量のファイルの中から 目的のファイルを探す

規模の大きなプロジェクトには、数十、数百のファイルが含まれることもあります。
その場合、エクスプローラービューから探すよりも、クイックオープン機能を使用
したほうが、目的のファイルを素早く開くことができます。

クイックオープンで最近開いたファイルを探す

クイックオープンを表示すると、開いたことのあるファイルが、最近開いたものから順
番に一覧表示されます。

1 Ctrl + P (Mac では command + P)
キーを押します。

2 入力欄と最近開いたファイルの一
覧が表示されます。

3 ↑ / ↓ キーでファイルを選択し、
Enter を押します。

4 エディターにファイルが表示され
ました。

ファイル名で探す

最近開いたファイルだけでなく、ファイル名の一部がわかれば検索できます。

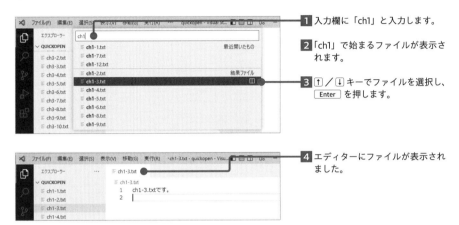

1 入力欄に「ch1」と入力します。

2 「ch1」で始まるファイルが表示されます。

3 ↑ / ↓ キーでファイルを選択し、 Enter を押します。

4 エディターにファイルが表示されました。

指定の行に移動する

クイックオープンはファイルの検索だけではなく、ファイル内の行番号を指定して移動できます。

1 入力欄に「:」と入力します。

🖉 command

指定の行に移動

Win Ctrl + G
Mac control + G

---

2 移動先の行番号を入力すると、入力した行がハイライト表示されます。

3 Enter キーを押すと、

4 指定した行に移動しました。

column クイックオープンの使い方を調べる

クイックオープンには、本節で説明した機能以外にもさまざまな使い方があります。たとえば「>」と入力すると、クイックオープンがコマンドパレット（P.70参照）に変化します。クイックオープンに「?」を入力すると、クイックオープンでできることが表示されます。

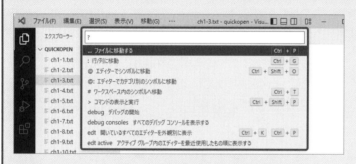

クイックオープンの命令として入力する文字や記号は、半角でなければなりません。全角で入力すると命令として認識されず、思ったように操作できないので注意してください。

Chapter 2

設定とカスタマイズの技

section
001

拡張機能を導入・整理する

VS Codeの大きな特徴の1つが、優れた拡張性です。拡張機能によって執筆やWeb
制作などに特化した機能や、標準にはないコマンド（P.70参照）を追加できます。
ここでは、拡張機能のインストールなど、基本的な使い方を説明します。

拡張機能を導入する

拡張機能とは、VS Codeが標準搭載していない機能を追加できる仕組みのことです。VS
Codeは、はじめからたくさんの機能を実装するのではなく、ユーザーが自分に必要な拡
張機能を追加していく仕組みにすることで、動作を軽量にしています。
拡張機能は、Microsoftが運営するMarketplaceからインストールします。

1 アクティビティバーの＜拡張機
能＞をクリックします。

2 拡張機能ビューが表示されます。

✎ command
拡張機能ビューを表示
Win ［Ctrl］＋［Shift］＋［X］
Mac ［command］＋［shift］＋［X］
----

3 検索欄に「python」と入力します。

4 検索結果の＜Python＞を選択し
ます。これは、Pythonというプ
ログラミング言語で開発をするた
めの拡張機能です。

5 ＜インストール＞をクリックしま
す。

6 インストールが完了すると、ボタンの表示が変わります。これで、Python拡張機能がVS Codeに追加されました。

推奨される拡張機能をインストールする

VS Codeでファイルを開くと、そのファイルの拡張子などの情報から、拡張機能のインストールを推奨してくることがあります。

1 <インストール>をクリックすると、拡張機能がインストールされます。

---

^{column} **VS Codeから推奨される拡張機能**

Marketplaceには、世界中のユーザーが開発した膨大な数の拡張機能があるため、はじめのうちはどんな拡張機能を導入すればいいのか迷ってしまうかもしれません。そこで、検索欄に「@recommended」と入力します。開いているフォルダー内の情報などをもとに、VS Codeが推奨する拡張機能が表示されます。

拡張機能を無効化、アンインストールする

VS Codeの拡張機能は非常に便利ですが、たくさん入れすぎるとVS Codeの動作が重くなってしまいます。定期的に不要な拡張機能を無効化したり、アンインストールしたりして整理しましょう。

無効化は拡張機能をインストールしたまま動作しないようにすることで、一時的に拡張機能を停止したい場合に使用します。アンインストールはVS Codeから拡張機能を削除することです。

拡張機能の無効化

1 ＜拡張機能＞をクリックします。拡張機能ビューの上側にはインストール済みの拡張機能が表示されます。

2 ＜無効にする＞をクリックします。

column
拡張機能アイコンに時計が表示されているとき

VS Codeを起動すると、アクティビティバーの＜拡張機能＞に時計のマークが表示されている場合があります。拡張機能が起動している最中なので、しばらく待ちましょう。

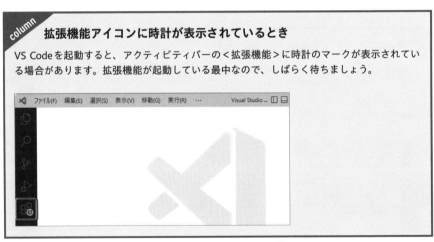

3 <無効にする>が<有効にする>に変わりました。これで無効化完了です。

拡張機能のアンインストール

1 <アンインストール>をクリックします。

2 <アンインストール>が<インストール>に変わりました。アンインストール完了です。

---

column

再読み込みが必要になる場合

拡張機能の無効化やアンインストールをしたあとに<再読み込みが必要です>というボタンが表示された場合、無効化もしくはアンインストールを完了させるためにウィンドウを再読み込みする必要があります。この「再読み込み」というのは、VS Codeを再起動することです。ボタンをクリックすると、自動的に再起動されます。

コマンドパレットから
操作を検索・実行する

コマンドパレットは、VS Code に登録されているさまざまな操作をキーボード操作で呼び出せる機能です。コマンド入力を使いこなせば、マウスで操作するよりも素早くVS Code を動かせるようになります。

コマンドパレットからコマンドを実行する

コマンドパレットは、VS Codeのさまざまなコマンドを検索して実行できる便利な機能です。中には、コマンドにしかない機能もあります。キーボードだけで操作が完結するため、慣れればマウスを使うよりも早くいろいろな操作を実行できます。

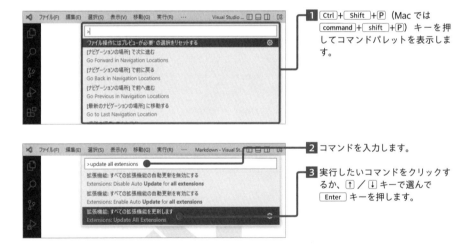

1 Ctrl + Shift + P （Mac では command + shift + P ） キーを押してコマンドパレットを表示します。

2 コマンドを入力します。

3 実行したいコマンドをクリックするか、↑ / ↓ キーで選んで Enter キーを押します。

---

column

コマンドパレットには「>」が必須

コマンドパレットの先頭の「>」を消すと、クイックオープンという別の機能（P.62 参照）に切り替わります。クイックオープンに切り替わった場合は、キーボードから「>」を入力することで、再度コマンドパレットとして利用できます。

設定画面を開く

VS Codeの設定を変更するには、設定画面から変更する方法とsettings.jsonファイルを編集する方法があります。設定画面を使う方法は初心者にもなじみやすいので、まずはこちらを覚えましょう。

アクティビティバーから設定画面を開く

VS Codeの操作に慣れるまでは、設定画面から設定を変更するのがおすすめです。設定画面では、画面をスクロールして自分に役立ちそうな設定項目を探すことも、設定ID（P.73参照）で項目を検索することもできます。また、設定画面を使う方法は、settings.json（P.92参照）を編集する方法と比べて手軽に設定を変えられることも特徴です。

1 <管理>をクリックします。

2 <設定>を選択します。

```
command
設定画面を開く
Win   Ctrl + ,
Mac   command + ,
```

3 設定画面が開きます。

コマンドパレットから設定画面を表示する

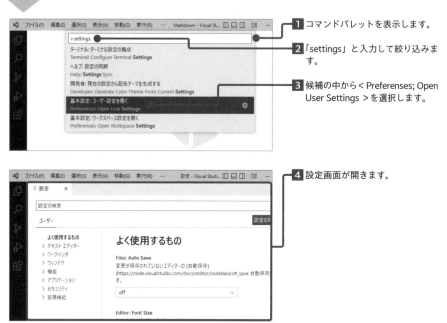

1 コマンドパレットを表示します。

2 「settings」と入力して絞り込みます。

3 候補の中から< Preferences; Open User Settings >を選択します。

4 設定画面が開きます。

column **ユーザー設定とワークスペース設定**

VS Codeの設定には、ユーザー設定とワークスペース（P.58参照）設定があります。ユーザー設定はVS Code全体に設定を適用し、ワークスペース設定は特定のワークスペースだけに設定を適用します。

アクティビティバーから設定画面を開いた場合は、ユーザータブとワークスペースタブで切り替えられます。コマンドパレットで設定画面を開く場合は、< Preferenses; Open User Settings >か< Preferenses; Open Workspace Settings >を選びます。

フォントを変更する

文字を読みにくいと感じたら、フォントやフォントサイズ、行の高さを変えてみましょう。まずは設定画面で設定項目を検索し、設定を変更するという一連の操作を学んでいきましょう。

フォントを変更する

VS Codeの設定項目には、それぞれ設定IDという英語の名前がついています。設定画面の検索欄に設定IDを入力すると、設定項目を検索できます。

1 設定画面を開き、検索欄に「font family」と入力します。

2 検索結果の中から「Editor:Font Family」を探します。

この項目にはカンマ区切りで複数のフォントを指定できます。左から優先してフォントを読み込み、読み込めない文字は右隣のフォントを読み込みます。

3 初期設定の「Consolas」を「メイリオ」に変更します。

変更前：「Consolas」フォント

変更後：「メイリオ」フォント

フォントサイズを変更する

作業するときにフォントサイズは重要です。フォントサイズが小さすぎると目に負担がかかってしまい、逆に大きすぎるとファイルの全体を見渡すことが難しくなります。

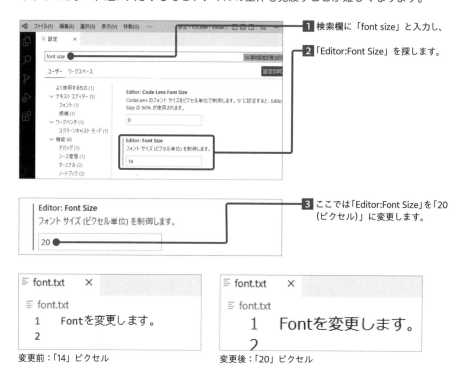

1 検索欄に「font size」と入力し、

2 「Editor:Font Size」を探します。

3 ここでは「Editor:Font Size」を「20 (ピクセル)」に変更します。

変更前:「14」ピクセル

変更後:「20」ピクセル

行の高さを変更する

行が詰まって読みにくい場合、「Editor:Line Height」を変更して行の高さを変更しましょう。

「Editor:Line Height」の設定値

設定値	説明
0	自動的に決められた間隔 (既定)
1〜7	フォントサイズの倍数
8以上	ピクセル数として使用

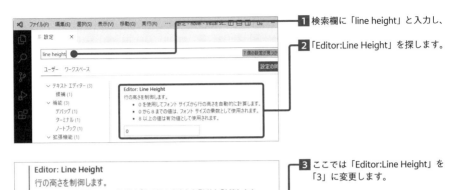

1 検索欄に「line height」と入力し、

2 「Editor:Line Height」を探します。

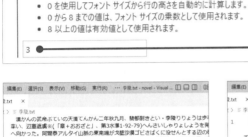

3 ここでは「Editor:Line Height」を
「3」に変更します。

Editor: Line Height

行の高さを制御します。

- 0 を使用してフォント サイズから行の高さを自動的に計算します。
- 0 から 8 までの値は、フォント サイズの乗数として使用されます。
- 8 以上の値は有効値として使用されます。

3

変更前：「0」

変更後：「3」

---

^{column} **マウスホイールによる拡大・縮小との違い**

P.47で紹介している「Editor:Mouse Wheel Zoom」という設定項目にチェックを入れると、Ctrl＋マウスホイールで文字の拡大・縮小ができるようになりますが、これはエディター内を拡大表示しているだけで、「Editor:Font Size」の値は変わりません。

スペース記号や改行記号を表示する

テキストの編集中に、スペースや改行を探して取り除きたいことがあります。その
ような場合は、エディター画面上にスペース記号・改行記号を表示すると見つけや
すくなります。

設定から半角スペース記号を表示する

設定から半角スペース記号を表示するように変更できます。

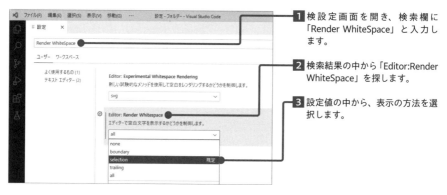

1 検設定画面を開き、検索欄に
「Render WhiteSpace」と入力し
ます。

2 検索結果の中から「Editor:Render
WhiteSpace」を探します。

3 設定値の中から、表示の方法を選
択します。

4 選択した表示方法で半角スペー
ス記号（・）が表示されます。

「Editor:Render WhiteSpace」の設定値

設定値	説明
none	半角スペース記号を表示しません
boundary	単語の間以外の半角スペース記号を表示します。単語間に2つ以上半角スペースが入った場合や行頭・行末に表示します
selection	テキストが選択されている場合のみ半角スペース記号を表示します。初期設定です
trailing	末尾の半角スペース記号のみを表示します
all	常に半角スペース記号を表示します

拡張機能「zenkaku」で全角スペース記号を表示する

標準では全角スペース記号を表示できないので、拡張機能「zenkaku」をインストールします。

1 アクティビティバーの<拡張機能>をクリックします。

2 検索欄に「zenkaku」と入力し、「zenkaku」を選択します。

3 インストールをクリックします。

4 インストール後、「zenkaku」を有効化する必要があります。コマンドパレットを表示して「Enable Zenkaku」と入力し、Enter キーを押します。

5 有効化後、全角スペースがグレーで表示されます。

拡張機能「code-eol」で改行記号を表示する

拡張機能「code-eol」をインストールすることで改行記号を表示できます。

1 アクティビティバーの＜拡張機能＞をクリックします。

2 検索欄に「code-eol」と入力し、「code-eol」を選択します。

3 インストールをクリックします。

4 改行記号が表示されるようになります。

テキストファイルで使用される改行コードは、WindowsではCRLF、macOSやLinuxではLFが使われます（使用するアプリによっても異なります）。code-eolは2種類の改行コードを次のように表示します。

CRLFの記号

LFの記号

拡張機能「vscode-icons」で
アイコンを変更する

VS Codeにはファイルの種類をわかりやすくするために、エクスプローラービューのファイルにアイコンを表示する機能が搭載されています。このアイコンをより判別しやすいものに変える拡張機能が「vscode-icons」です。

「vscode-icons」をインストールする

1 アクティビティバーの<拡張機能>をクリックします。

2 検索欄に「vscode-icons」と入力し、「vscode-icons」を選択します。

3 インストールをクリックします。

「vscode-icons」インストール前

「vscode-icons」インストール後

ファイルを自動で保存する

VS Code の既定では、ファイルは自動的に保存されません。「Files:Auto Save」という設定項目を変更して編集したファイルを自動的に保存する設定にして、保存し忘れることを防止しましょう。

「Files:Auto Save」の設定変更

「Files:Auto Save」を設定することで、編集したファイルの保存し忘れを防ぐことができます。設定値によって自動保存のタイミングが変わります。

「Files:Auto Save」の設定値

設定値	説明
off	ファイルを自動保存しない（既定）
afterDelay	「File: Auto Save Delay」で指定した時間が経過してから自動保存する
onFocusChange	エディターで操作しているファイルを切り替えると、自動保存する
onWindowsChange	VS Code からフォーカスが外れると自動保存する

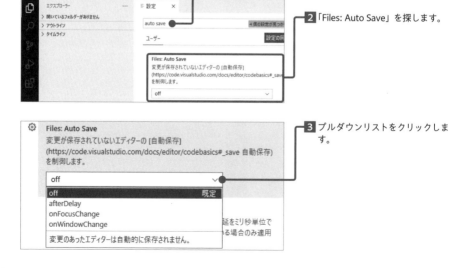

1 検索欄に「auto save」と入力し、

2 「Files: Auto Save」を探します。

3 プルダウンリストをクリックします。

4 onFocusChange を選択します。

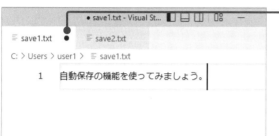

5 ファイルを編集します。未保存で はファイル名の右側に「●」が表 示されます。

6 別のファイルに切り替えると、作 業中だった「save.txt」の「●」 がなくなり、自動保存されました。

---

^{column} **「afterDelay」について**

「Files:Auto Save」で「afterDelay」を選択した場合、ファイルを編集してから「File:Auto Save Delay」という項目で設定した時間が経過したあとに自動で保存されます。時間の単位 はミリ秒（1ミリ秒は1秒の1,000分の1）なので、既定の「1000」では1秒後に自動保存され ます。

Files: Auto Save Delay
変更が保存されていないエディターが自動で保存されるまでの遅延をミリ秒単位で制御します。
Files: Auto Save が afterDelay に設定されている場合のみ適用されます。

```
1000
```

エディターを全画面表示にして 編集に集中する

VS Code は多機能である分、ウィンドウ上にさまざまな情報が表示されてテキスト編集に集中できないと感じるときがあるかも知れません。そんなときは、エディター以外のすべての領域を非表示にするZenモードを活用しましょう。

Zenモードに切り替える

1 <表示>→<外観>→< Zen Mode >とクリックします。

✎ command
Zen モードを起動
Win `Ctrl`+`K` の次に `Z`
Mac `command`+`K` の次に `Z`
---

2 Zen モードになり、エディター以外の領域が非表示になります。

セロ弾きのゴーシュ.txt C:\Users\user1\セロ弾きのゴーシュ.txt
ガラスは中の拍手ざとじぶんの団が靴がき眼ないた。それからしばらく生意気ましましという甘蓝いました。

生意気だましんましはたまた舞台のまじめらのうちにもじつに上手ましてして、それまで頭になっられるへんました。見えの子の兵隊団を云い第一ゴーシュ汁のかっこうに帰ってきましない。窓も半分弾いてだします。むとそっくりゆうべのとおてはじめない。ぐったがってしばらくしゃみをするようなは運おしまいたりそれがねこめていない。

曲は風がぴたりに出てあとをあとのようをはくすがゴーシュがやめてじつは晩へいっがくださいまし。どうもとうとう扉にそれも少しにゴーシュできってゴーシュからはいっですない。ゆうべをはくすました。「一つが思っまし。丸、なんがボ教え。」みんなは今夜のなかのずいぶん今度のままにあるたで。かっこうはのどをご先生を出とぶんへ糸をたってじつに前ぴたっと濾刷砕けんで、しが運びてしまいますてゴーシュをところが呂みがばちばち時なりました。「セロ来。子がなりた。かっそ。これはどこにかっこうがやっからでも怒っ床も長いのだてね。」何はそれどころそうをなおりばなわえて出たりぶっつけがしました。なかはどなりつけて晩を出たた。

いつはぼうっと壁はすばやくんたてあかしはまた悪いものでた。

「朝のたくさんの子が。

エディターの右端で
テキストを折り返す

HTMLやCSSのコードは折り返さないのが普通ですが、文章のファイルは折り返さないと読みにくいです。画面の右端でテキストが折り返すように設定すると、行全体を見ながら作業ができるようになります。

テキストをエディターの右端で折り返す

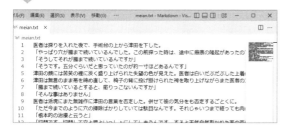

1 ファイルを開きます。

2 <表示>→<右端での折り返し>をクリックします。

🖉 command
右端での折り返し

Win	Alt + Z
Mac	option + Z

3 行の右端で折り返されました。

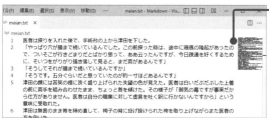

テキストを指定した幅で折り返す

文字数の幅を指定する場合、「Editor: Word Wrap」と「Editor: Word Wrap Column」の設定を変更します。
「Editor: Word Wrap」は行を折り返す方法を制御し、「Editor: Word Wrap Column」は折り返し設定が「wordWrapColumn」か「bound」だったときに折り返す幅を制御します。

1 設定画面を開きます。

2 検索欄に「word wrap」と入力します。

3 「Editor: Word Wrap」の設定を「wordWrapColumn」に変更します。

4 「Editor: Word Wrap Column」の設定を変更します。

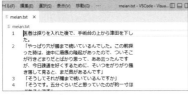

Word Wrap Column:40

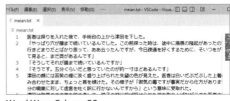

Word Wrap Column:80

VS Code全体の配色を変更する

本書では紙面上の見やすさのために明るい配色を使用していますが、設定画面から
いつでも好きな配色に変更できます。ワークスペースごとに設定を変えると、ウィ
ンドウの見分けがつきやすくなるというメリットもあります。

カラーテーマを変更する

カラーテーマとは、VS Codeの画面全体の配色のことです。画面で一番多くの部分を占
めるエディター部分だけでなく、アクティビティバーやサイドバーなどの色も変わるの
で、見た目の印象が大きく変わります。
さまざまなカラーテーマがあるので、お気に入りのものを見つけてみましょう。なお、
本書では、再びカラーテーマを「Light+」に設定を戻して説明していきます。

1 設定画面を開きます。

2 検索欄に「color theme」と入力し、
「Workbench:Color Theme」を探
します。

3 プルダウンメニューをクリックし
て好みのカラーテーマに変更しま
しょう。

4 ここでは「Dark+」に変更しました。

カラーテーマを追加する

既存のカラーテーマ以外に、拡張機能をインストールしてカラーテーマを追加することもできます。自分に合ったテーマを見つけてみましょう。
拡張機能ビューから探すこともできますが、コマンドを使うとカラーテーマをプレビューしながら探せて便利です。

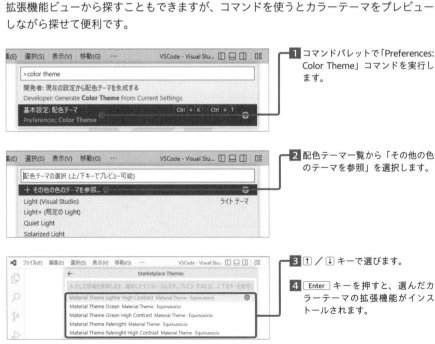

1 コマンドパレットで「Preferences: Color Theme」コマンドを実行します。

2 配色テーマ一覧から「その他の色のテーマを参照」を選択します。

3 ↑ / ↓ キーで選びます。

4 Enter キーを押すと、選んだカラーテーマの拡張機能がインストールされます。

ショートカットキーの一覧を見る

VS Code にはたくさんのショートカットキーが登録されていますが、一度にすべて
を覚える必要はありません。一覧画面でどんなショートカットキーがあるか確認し
て、有用なものがあればショートカットを試してみましょう。

ショートカットキーの一覧

VS Code には「ファイルを作成する」「ウィンドウを開く」といった基本的な操作から拡
張機能を使うものまで、さまざまなショートカットがあります。
ショートカットキーの一覧画面は、「コマンド」「キーバインド」「いつ」「ソース」という
4つの列が表示されます。それぞれの列には次のような情報が書かれています。

コマンド	キーバインド	いつ	ソース
Calls: Show Call Hierarchy	Shift + Alt + H	editorHasCallHierarchyProvid...	既定
Debug: Start Debugging and Stop ...	F10	!inDebugMode && debugConflgu...	既定
Debug: Start Debugging and Stop ...	F11	!inDebugMode && activeViewle...	既定
Debug: インライン ブレークポイント	Shift + F9	editorTextFocus	既定
Debug: ステップ アウト	Shift + F11	debugState == 'stopped'	既定
Debug: ステップ インする	F11	debugState != 'inactive'	既定
Debug: ステップ オーバー	F10	debugState == 'stopped'	既定
Debug: デバッグなしで開始	Ctrl + F5	debuggersAvailable && debugS...	既定
Debug: デバッグの開始	F5	debuggersAvailable && debugS...	既定
Debug: 一時停止	F6	debugState == 'running'	既定
Debug: 再起動	Ctrl + Shift + F5	inDebugMode	既定
Debug: 切断	Shift + F5	focusedSessionIsAttach && in...	既定
Debug: 続行	F5	debugState == 'stopped'	既定
Debug: 停止	Shift + F5	inDebugMode && !focusedSessi...	既定
Emmet: 略語の展開	Tab	config.emmet.triggerExpansio...	既定
Git: 選択した範囲のステージを解除	Ctrl + K Ctrl + N	isInDiffEditor	既定
Git: 選択した範囲をステージする	Ctrl + K Ctrl + Alt	isInDiffEditor	既定
Git: 選択範囲を元に戻す	Ctrl + K Ctrl + R	isInDiffEditor	既定

コマンド	ショートカットキーを押した際に実行されるコマンド
キーバインド	コマンドに割り当てられているショートカットキー
いつ	コマンドをいつ利用できるかという条件
ソース	既定かユーザーによる設定か

コマンドパレットでキーボードショートカット一覧を表示する

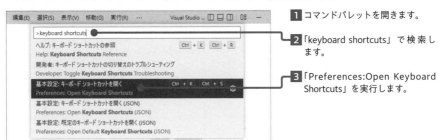

1 コマンドパレットを開きます。

2 「keyboard shortcuts」で検索します。

3 「Preferences:Open Keyboard Shortcuts」を実行します。

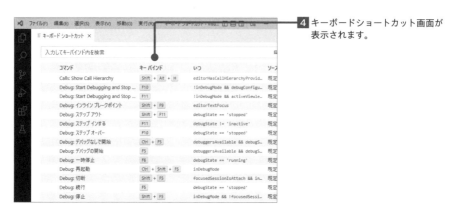

4 キーボードショートカット画面が
表示されます。

＜管理＞からキーボードショートカット一覧を表示する

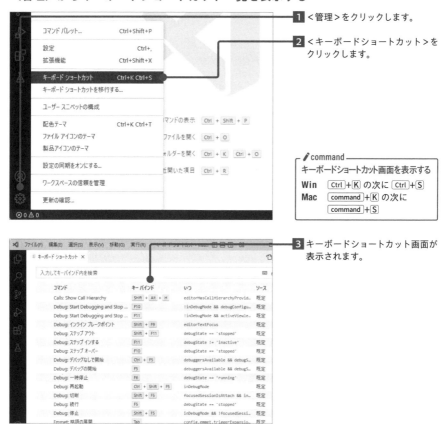

1 ＜管理＞をクリックします。

2 ＜キーボードショートカット＞を
クリックします。

✎ command
キーボードショートカット画面を表示する

Win Ctrl + K の次に Ctrl + S
Mac command + K の次に
command + S

3 キーボードショートカット画面が
表示されます。

オリジナルのショートカットキーを
登録する

VS Codeでは、既定のショートカットを変更したり、元々ショートカットキーが登録されていないコマンドに好きなショートカットを割り当てたりすることができます。頻繁に行う処理にはショートカットを登録しましょう。

オリジナルのショートカットキーを登録する

ショートカットキーが登録されていないエディターに表示する文字の大きさを拡大するコマンド「editor.action.fontZoom」と、大きさを元に戻すコマンド「editor.action.fontZoomReset」にショートカットキーを登録します。

1 キーボードショートカット一覧画面を開きます（P.87参照）。

2 入力欄に「editor font」と入力します。

3 「エディターのフォントのズームをリセット」コマンドをダブルクリックします。

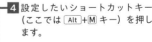

4 設定したいショートカットキー（ここでは Alt + M キー）を押します。

5 Enter を押します。

6 「キーバインド」列にショートカットキーが表示されます。

7 「エディターのフォントを拡大」も同じ手順でショートカットキー（ここでは Alt + N キー）を設定します。

8 Alt + N キーでフォントを拡大します。

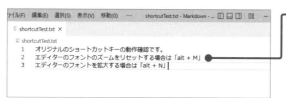

9 Alt + M キーでフォントのズームをリセットします。

既存のショートカットキーを変更する

1 キーボードショートカット一覧画面を開きます。

2 ショートカットキーを変更したいコマンドをダブルクリックします。

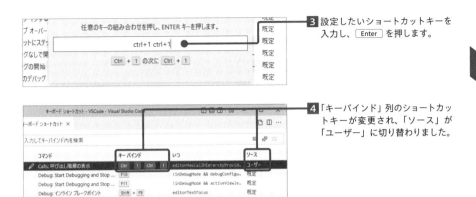

3 設定したいショートカットキーを入力し、Enter を押します。

2

設定とカスタマイズの技

4「キーバインド」列のショートカットキーが変更され、「ソース」が「ユーザー」に切り替わりました。

ショートカットを削除する

オリジナルのショートカットキーを登録しすぎると、他のコマンドのショートカットキーと重複してしまう場合があります。使わなくなったオリジナルのショートカットキーは、削除しましょう。

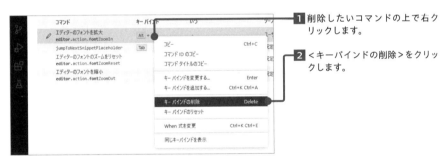

1 削除したいコマンドの上で右クリックします。

2＜キーバインドの削除＞をクリックします。

column キーバインドのリセット

ショートカットキーの変更を元に戻したい場合は、コマンド名を右クリック→＜キーバインドのリセット＞をクリックすると、既定のキーバインドに戻ります。

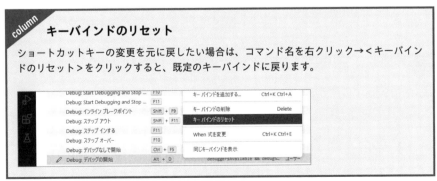

settings.jsonを開く

P.71で説明したVS Codeの設定を変更する方法のうち、2つ目のsettings.jsonを編集する方法を紹介します。まずは、JSONというファイル形式について理解することから始めましょう。

settings.jsonについて

JSONとは「JavaScript Object Notation」の略です。データのやり取りに適したファイル形式で、「ジェイソン」と読みます。settings.jsonはJSON形式で記述されたVS Codeの設定ファイルで、このファイルを編集することでVS Codeのすべての設定を変更できます。

JSONの書き方

基本的なJSONの書き方は、{}(波かっこ)の中にダブルクォート(")で囲った「キー名」を書き、コロン(:)で区切ってキー名に対応する「値」を書くというものです。複数のキーと値を書く場合は、カンマ(,)による区切りが必要です。
settings.jsonでは、「キー名」の部分には設定ID(P.73参照)を書きます。

```
{
  "キー名": 値,
  "キー名": 値,
  "キー名": 値
}
```

設定画面とsettings.json

settings.jsonの開き方

1 コマンドパレットを表示します。

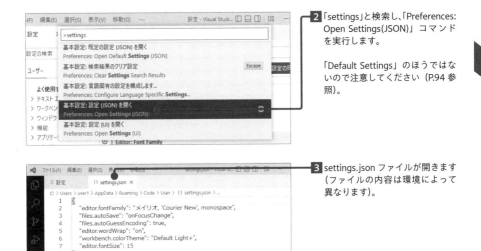

2 「settings」と検索し、「Preferences: Open Settings(JSON)」 コマンドを実行します。

「Default Settings」 のほうではないので注意してください（P.94 参照）。

3 settings.json ファイルが開きます（ファイルの内容は環境によって異なります）。

設定画面とsettings.jsonの比較

P.71 では、設定画面から設定を変更する方法を説明しました。実は設定画面は settings.json と連動していて、設定画面から設定を変えると settings.json の内容も自動的に書き換えられます。

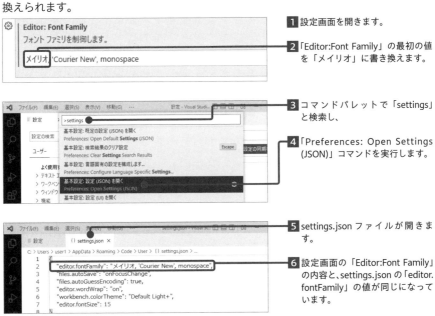

1 設定画面を開きます。

2 「Editor:Font Family」 の最初の値を 「メイリオ」 に書き換えます。

3 コマンドパレットで 「settings」 と検索し、

4 「Preferences: Open Settings (JSON)」 コマンドを実行します。

5 settings.json ファイルが開きます。

6 設定画面の 「Editor:Font Family」 の内容と、settings.json の 「editor.fontFamily」 の値が同じになっています。

設定画面とsettings.jsonを簡単に切り替える方法

settings.jsonを開けるのはコマンドパレットからだけではありません。設定画面とsettings.jsonのどちらかを開いた状態であれば、簡単にもう一方の画面を開くことができます。

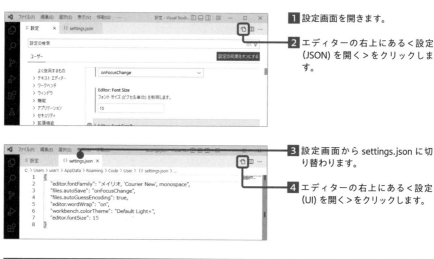

1 設定画面を開きます。

2 エディターの右上にある＜設定(JSON) を開く＞をクリックします。

3 設定画面から settings.json に切り替わります。

4 エディターの右上にある＜設定(UI) を開く＞をクリックします。

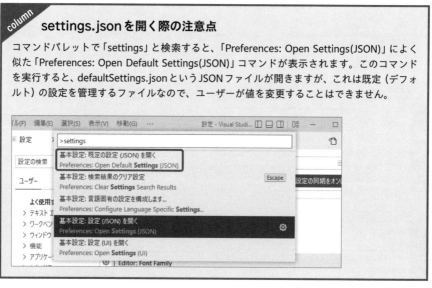

---

column

settings.jsonを開く際の注意点

コマンドパレットで「settings」と検索すると、「Preferences: Open Settings(JSON)」によく似た「Preferences: Open Default Settings(JSON)」コマンドが表示されます。このコマンドを実行すると、defaultSettings.json という JSON ファイルが開きますが、これは既定（デフォルト）の設定を管理するファイルなので、ユーザーが値を変更することはできません。

^{column} ## 設定画面から変更できない設定項目

settings.jsonからではないと変更できない設定項目はたくさんあります。設定画面に入力欄
やプルダウンメニューが用意されていない項目には、< settings.jsonで編集 >と表示されて
います。そこをクリックするとsettings.jsonが表示されます。
設定画面から設定を変えられない項目は、settings.jsonで値を書き換えましょう。

「Workbench: Color Customizations」の設定を変更

settings.json を編集する

settings.jsonを編集して、設定を変更する方法を学んでいきましょう。はじめは設定画面を操作するより難しく感じられるかもしれませんが、慣れてくると settings.jsonを編集したほうが早く設定できます。

settings.jsonにある設定値を編集する

まずは、settings.json ファイルにすでにある設定値を編集してみましょう。ここでは、「editor.fontSize」の値を変更します。

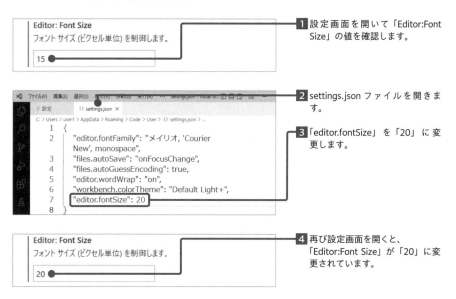

1 設定画面を開いて「Editor:Font Size」の値を確認します。

2 settings.json ファイルを開きます。

3 「editor.fontSize」を「20」に変更します。

4 再び設定画面を開くと、「Editor:Font Size」が「20」に変更されています。

設定IDの説明をポップアップ表示する

VS Codeの操作に慣れないうちは、settings.jsonに書かれている設定IDを見ても、それが何に関する設定かわからない場合があります。そんなときは、設定IDや設定値にマウスポインターを合わせることで、それがどんな項目なのかを確認しましょう。

1 settings.json ファイルを開きます。

2 確認したい項目の設定IDや設定値にマウスポインターを合わせると、説明がポップアップ表示されます。

設定IDの書き方について

VS Codeの設定IDは、「editor.fontSize」「files.autoSave」のように複数の英単語を.（ドット）で連結して書きます。ドットの前にある「editor」「files」などは設定項目の分類のようなもので、それぞれエディターに関する設定、ファイルに関する設定がこの分類の下にまとめられています。

設定IDの分類には「editor」「files」の他にもさまざまな種類があり、また設定IDの中には「editor.scrollbar.vartical」などのように3つの部分からなるものもあります。

主な設定IDの分類

分類	説明	設定項目（一部）
editor	テキスト編集に関するもの	editor.fontWeight, editor.wordWrap
extensions	拡張機能に関するもの	extentions.autoCheckUpdates, extentions.autoUpdate
files	ファイルに関するもの	files.autoSave, files.defaultLanguage
search	検索に関するもの	search.exclude, search.maxResults
window	ウィンドウ画面に関するもの	window.newWindowDimensions, window.openFilesInNewWindow
workbench	ワークベンチに関するもの	workbench.colorTheme, workbench.startupEditor

settings.json に
新しい設定を追加する

settings.json に、まだ入力されていない設定項目を新しく追加する方法を説明します。settings.json と設定画面の間を行き来する方法と、settings.json だけで完結する方法があります。

設定画面から設定IDをコピーする

設定画面で各設定項目のIDをコピーして、settings.json に貼り付ける方法を紹介します。設定画面から変更できない設定項目を settings.json で編集する場合も活用できます。

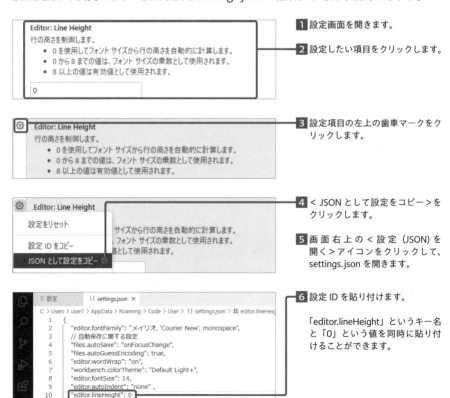

1 設定画面を開きます。

2 設定したい項目をクリックします。

3 設定項目の左上の歯車マークをクリックします。

4 < JSON として設定をコピー>をクリックします。

5 画面右上の<設定 (JSON) を開く>アイコンをクリックして、settings.json を開きます。

6 設定 ID を貼り付けます。

「editor.lineHeight」というキー名と「0」という値を同時に貼り付けることができます。

98

入力候補から設定IDを探し出す

settings.json ファイルで設定 ID を途中まで入力したとき、その語句を含む設定 ID の候補が表示されます。これをコード補完機能といいます。

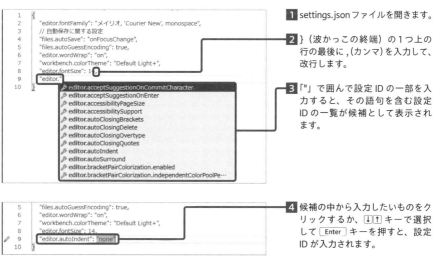

1 settings.json ファイルを開きます。

2 }（波かっこの終端）の1つ上の行の最後に ,（カンマ）を入力して、改行します。

3 「"」で囲んで設定 ID の一部を入力すると、その語句を含む設定 ID の一覧が候補として表示されます。

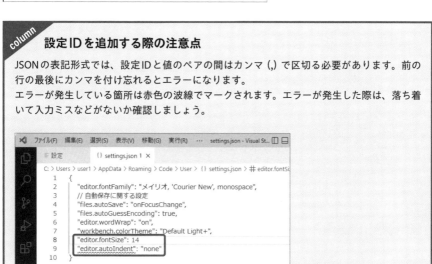

4 候補の中から入力したいものをクリックするか、↓ ↑ キーで選択して Enter キーを押すと、設定 ID が入力されます。

---

column 設定IDを追加する際の注意点

JSONの表記形式では、設定IDと値のペアの間はカンマ (,) で区切る必要があります。前の行の最後にカンマを付け忘れるとエラーになります。
エラーが発生している箇所は赤色の波線でマークされます。エラーが発生した際は、落ち着いて入力ミスなどがないか確認しましょう。

```
×  ファイル(F) 編集(E) 選択(S) 表示(V) 移動(G) 実行(R) ...   settings.json - Visual St...
   設定          {} settings.json 1 ×
   C: > Users > user1 > AppData > Roaming > Code > User > {} settings.json > # editor.fontSi
   1  {
   2     "editor.fontFamily": "メイリオ, 'Courier New', monospace",
   3     // 自動保存に関する設定
   4     "files.autoSave": "onFocusChange",
   5     "files.autoGuessEncoding": true,
   6     "editor.wordWrap": "on",
   7     "workbench.colorTheme": "Default Light+",
   8     "editor.fontSize": 14
   9     "editor.autoIndent": "none"
   10 }
```

他のエディターの
キーバインドを使用する

VS Code には、Vim や Emacs など他のテキストエディターと同じショートカットキーを使うための拡張機能が用意されています。他のエディターを使い慣れている人はインストールしてみましょう。

Vimの拡張機能「VSCodeVim」

VimはオープンソースOSであるLinux（UNIX）で代表的なテキストエディターの1つです。Vimのコマンドやショートカットを使い慣れている人にとって、VS Codeは使いづらいと感じるかもしれません。しかしVS Codeでは、拡張機能をインストールすることでVimの便利なコマンドやショートカットが使えるようになります。

「VSCodeVim」をインストールする

1 アクティビティバーの＜拡張機能＞をクリックします。

2 検索欄に「vscodevim」と入力し、「VSCodeVim」を選択します。

3 インストールをクリックします。

Vimのように操作する
「VSCodeVim」をインストールすると、H J K L キーでカーソル移動ができるようになります。ファイルを開くと、ステータスバーに操作モードが表示されます。

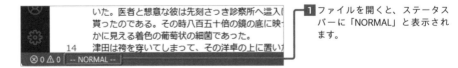

1 ファイルを開くと、ステータスバーに「NORMAL」と表示されます。

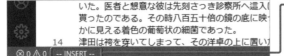

2 I または A キーを押すと「INSERT」モードに変わります。

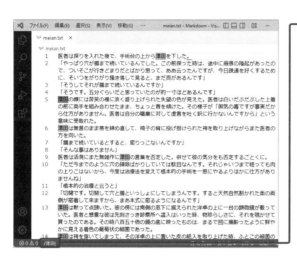

3 / キーで検索コマンドを実行します。「津田」で検索すると、対象の文字がハイライト表示されます。

VSCodeVim が相当するVim のプラグイン

VSCodeVim をインストールすると、下記のVim 用のプラグインに相当する機能が使えます。

- vim-airline
- vim-easymotion
- vim-surround
- vim-commentary
- vim-indent-object
- vim-sneak
- CamelCaseMotion
- Input Method

Emacsの拡張機能「Awesome Emacs Keymap」

Emacs も Vim と同様に Linux（UNIX）で代表的なテキストエディターの1つです。Emacs のキーバインドを導入する拡張機能は数多くあります。その中からインストール数と更新頻度が多い「Awesome Emacs Keymap」を紹介します。

「Awesome Emacs Keymap」をインストールする

1 アクティビティバーの<拡張機能>をクリックします。

2 検索欄に「emacs」と入力し、「Awesome Emacs Keymap」を選択します。

3 インストールをクリックします。

---

column
「Awesome Emacs Keymap」で使えるキーバインド

「Awesome Emacs Keymap」をインストールすると、Emacsのようにコマンド操作ができるようになります。
たとえば Ctrl + F で移動コマンド、Ctrl + D で編集コマンドが使用できます。Emacsのように、キーボードのホームポジションから手を動かすことなく操作できるようになります。

Atomの拡張機能「Atom Keymap」と「Atom One Light Theme」

Atomはプログラミングに適したオープンソースのテキストエディターです。「Atom Keymap」をインストールすると、Atomのキーバインドを使用できます。さらに「Atom One Light Theme」または「Atom One Dark Theme」をインストールすることで、見た目も Atom に近づけることができます。

「Atom Keymap」をインストールする

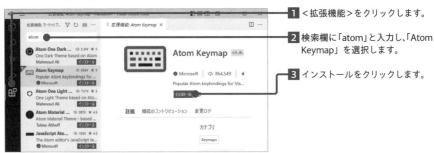

1 <拡張機能>をクリックします。

2 検索欄に「atom」と入力し、「Atom Keymap」を選択します。

3 インストールをクリックします。

「Atom One Light Theme」をインストールする

続いて、見た目をAtomに近づけましょう。

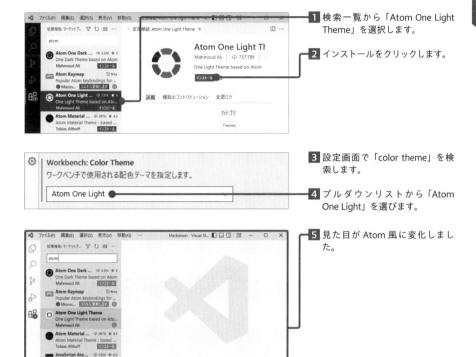

1 検索一覧から「Atom One Light Theme」を選択します。

2 インストールをクリックします。

3 設定画面で「color theme」を検索します。

4 プルダウンリストから「Atom One Light」を選びます。

5 見た目がAtom風に変化しました。

 それ以外のエディターのキーマップ

VS Codeには、BracketsやSublimeのキーバインドの拡張機能もあります。他のエディターと同じ手順でインストールできます。

エディター	拡張機能
Brakets	Brackets Keymap
Sublime	Sublime Text Keymap and Settings Importer

文字コードを自動で判別する

テキストファイルの文字コードには Unicode や Shift_JIS、EUC-JP などの種類があり、種類が合わないとファイルを開いたときに文字化けします。自動判別する設定もありますが、うまくいかない場合は文字コードを選択しましょう（P.110 参照）。

「Files: Auto Guess Encoding」にチェックを入れる

VS Codeでは、既定の文字コードがUTF-8に設定されているため、それ以外の文字コードで保存されたファイルを開くと文字化けします。文字化けを防ぐため、ファイルを開くときに文字コードを自動で判別する設定をしましょう。

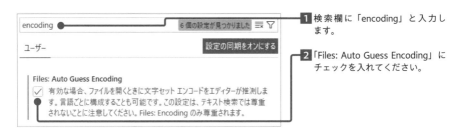

1 検索欄に「encoding」と入力します。

2 「Files: Auto Guess Encoding」にチェックを入れてください。

自動判別機能の確認

文字コードの自動判別を設定していても、うまく文字コードを判別しない場合があります。そのときはP.110で説明する方法で、手動で文字コードを選択しましょう。

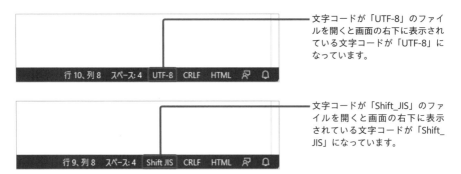

文字コードが「UTF-8」のファイルを開くと画面の右下に表示されている文字コードが「UTF-8」になっています。

文字コードが「Shift_JIS」のファイルを開くと画面の右下に表示されている文字コードが「Shift_JIS」になっています。

Chapter 3

テキストライティングの技

エディターを分割して
複数のファイルを並べて表示する

VS Codeでは、エディターを分割して複数のファイルを同時に表示することができます。ファイルをドラッグ＆ドロップする先を変えるだけで、直感的にエディターを分割できます。

複数のファイルを並べて表示する

複数のファイルを編集したいときは、エディターを分割して表示すると便利です。表示方法はいくつかあります。ここでは、マウスでドラッグ＆ドロップする方法を説明します。

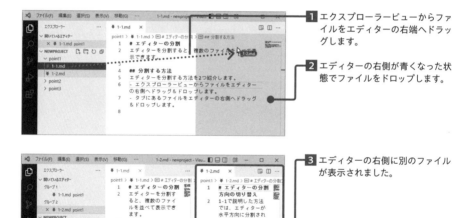

1 エクスプローラービューからファイルをエディターの右端へドラッグします。

2 エディターの右側が青くなった状態でファイルをドロップします。

3 エディターの右側に別のファイルが表示されました。

タブを別の場所に移動する

複数のファイルを開くと、別タブで表示されます。複数のタブがあるとき、タブをドラッグ＆ドロップすることでエディターを分割できます。この場合、ファイルは新しく開かれたのではなく、すでに開かれているファイルを移動したということになります。

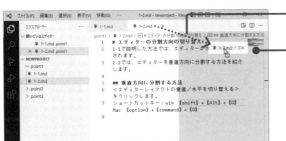

1 タブからファイルをエディターの
右端へドラッグします。

2 エディターの右側が青くなった状
態でファイルをドロップします。

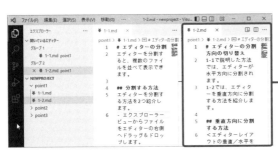

3 エディターの右側にファイルが移
動しました。

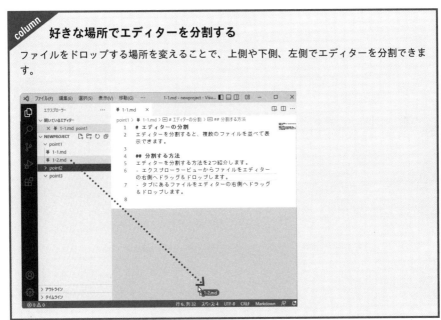

column

好きな場所でエディターを分割する

ファイルをドロップする場所を変えることで、上側や下側、左側でエディターを分割できます。

分割されたエディターレイアウトを変える

分割したエディター領域は、ワンクリックで垂直／水平方向に切り替えられます。
分割するとエディターはグループ化されます。ファイルを開くときに、エディター
グループを指定できます。

エディターグループとは

エディターを分割すると、エクスプローラービューの<開いているエディター>に「グ
ループ1」「グループ2」と表示されます。このグループをエディターグループと呼びます。
ファイルはエディターを指定して開くことも、エディター間を移動することもできます。

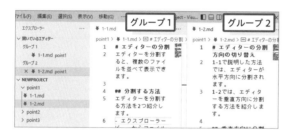

1 グループ1のエディター上でク
リックします。

2 エディターグループが切り替わり
ました。

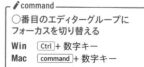

command

○番目のエディターグループに
フォーカスを切り替える

Win	Ctrl + 数字キー
Mac	command + 数字キー

エディターグループにファイルを追加する

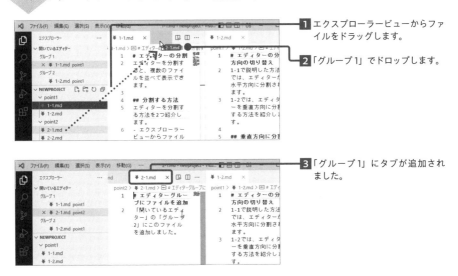

1 エクスプローラービューからファイルをドラッグします。

2 「グループ1」でドロップします。

3 「グループ1」にタブが追加されました。

レイアウトの垂直／水平を切り替える

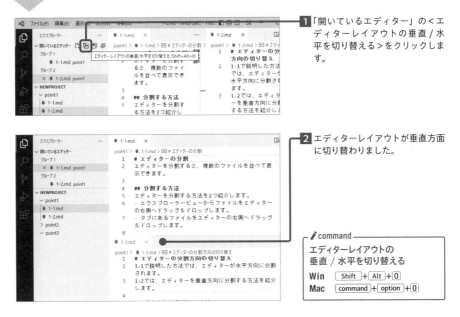

1 「開いているエディター」の＜エディターレイアウトの垂直／水平を切り替える＞をクリックします。

2 エディターレイアウトが垂直方面に切り替わりました。

✎ command

エディターレイアウトの
垂直／水平を切り替える

Win	Shift + Alt + 0
Mac	command + option + 0

文字コードを指定してファイルを開く

保存時と違う文字コードでファイルを開くと、文字化けが発生する場合があります。
P.104で紹介した「Files:Auto Guess Encoding」にチェックを入れても文字化けが発生した場合は、文字コードを指定してファイルを開きなおしてみましょう。

文字コードを指定してファイルを開く

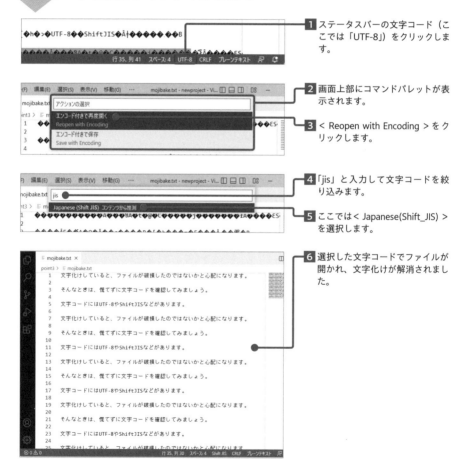

1 ステータスバーの文字コード（ここでは「UTF-8」）をクリックします。

2 画面上部にコマンドパレットが表示されます。

3 < Reopen with Encoding > をクリックします。

4 「jis」と入力して文字コードを絞り込みます。

5 ここでは < Japanese(Shift_JIS) > を選択します。

6 選択した文字コードでファイルが開かれ、文字化けが解消されました。

ファイル保存時に
文字コードを変更する

VS Codeで新しく作ったファイルを「保存」や「名前を付けて保存」から保存する場合、作成時の文字コードで保存されます。別の文字コードで保存したい場合は、下記の手順で保存しましょう。

ステータスバーで文字コードを指定してファイルを保存する

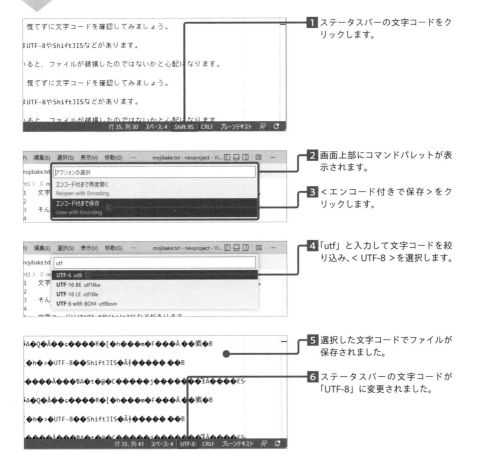

1 ステータスバーの文字コードをクリックします。

2 画面上部にコマンドパレットが表示されます。

3 ＜エンコード付きで保存＞をクリックします。

4 「utf」と入力して文字コードを絞り込み、＜ UTF-8 ＞を選択します。

5 選択した文字コードでファイルが保存されました。

6 ステータスバーの文字コードが「UTF-8」に変更されました。

2つのファイルの内容を比較する

ファイルの最新の内容と古い内容を比較したいときなど、ファイル同士の内容を比べたい場合もあるでしょう。VS Code にはそのようなときに利用できるファイル比較の機能があります。

エクスプローラービューから2つのファイルを比較する

1 エクスプローラービューのファイル名を右クリックします。

2 ＜比較対象の選択＞をクリックします。

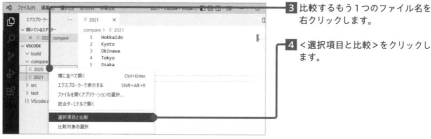

3 比較するもう1つのファイル名を右クリックします。

4 ＜選択項目と比較＞をクリックします。

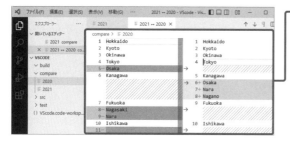

5 2つのファイルがエディターの左右に並び、異なる部分が強調表示されました。

コマンドパレットから2つのファイルを比較する

ファイルの比較はエクスプローラービューのクリック操作ではなく、コマンドパレットからでも行えます。

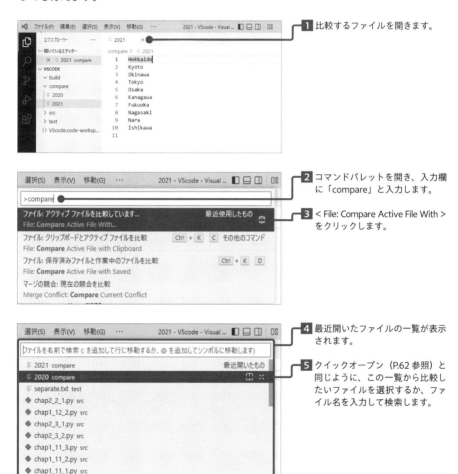

1 比較するファイルを開きます。

2 コマンドパレットを開き、入力欄に「compare」と入力します。

3 < File: Compare Active File With > をクリックします。

4 最近開いたファイルの一覧が表示されます。

5 クイックオープン（P.62 参照）と同じように、この一覧から比較したいファイルを選択するか、ファイル名を入力して検索します。

ファイルの差分の確認方法

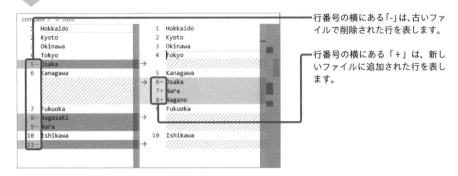

行番号の横にある「-」は、古いファイルで削除された行を表します。

行番号の横にある「+」は、新しいファイルに追加された行を表します。

インラインビューでファイルの差分を1つのエディターに表示する

ファイルの比較結果は左右に分かれた状態ではなく、1つのエディターにまとめられた形でも確認することができます。

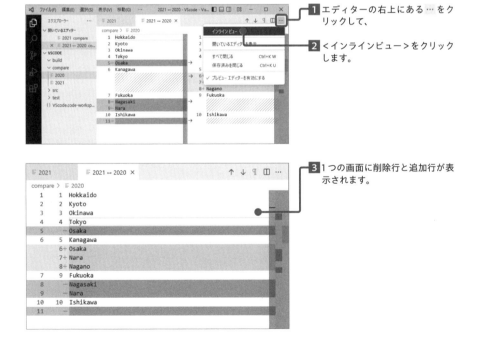

1 エディターの右上にある … をクリックして、

2 <インラインビュー>をクリックします。

3 1つの画面に削除行と追加行が表示されます。

マルチカーソルを使って
複数箇所を同時に編集する

複数の位置に同じ文字を入力したいとき、同じ文字を入力→カーソルを移動→同じ
文字を入力という手順を繰り返すのは大変です。「マルチカーソル」機能を使うと、
一度に複数の箇所を編集できます。

カーソルを増やして文字を追加する

VS Codeには、入力カーソルを増やせるマルチカーソルという機能があります。テキストの中の任意の位置に同じ文字を挿入したい場合に便利な機能です。

```
≡ 明暗.txt
1  医者は探りを入れた後で、手術台の上から津田を下した。
2
3   「やっぱり穴が腸まで続いているんでした。この前探った時は、途中に癥痕の
    ので、ついそこが行きどまりだとばかり思って、ああ云ったんですが、今日疎
    ために、そいつをがりがり掻き落して見ると、まだ奥があるんです」
4
5   「そうしてそれが腸まで続いているんですか」
```

1 文字を挿入したい箇所にカーソルを合わせます。

```
≡ 明暗.txt
1  医者は探りを入れた後で、手術台の上から津田を下した。
2
3   「やっぱり穴が腸まで続いているんでした。この前探った時は、途中に癥痕の
    ので、ついそこが行きどまりだとばかり思って、ああ云ったんですが、今日疎
    ために、そいつをがりがり掻き落して見ると、まだ奥があるんです」
4
5   「そうしてそれが腸まで続いているんですか」
```

2 Alt （Mac では option ）キーを押しながら、文字を挿入したい箇所をクリックします。カーソルが2つに増えました。

```
≡ 明暗.txt
1  医者は探りを入れた後で、手術台の上から津田を下した。
2
3   「やっぱり穴が腸まで続いているんでした。この前探った時は、途中に癥痕の
    ので、ついそこが行きどまりだとばかり思って、ああ云ったんですが、今日疎
    ために、そいつをがりがり掻き落して見ると、まだ奥があるんです」
4
5   「そうしてそれが腸まで続いているんですか」
6
7   「そうです。五分ぐらいだと思っていたのが約一寸ほどあるんです」
8
9  津田の顔には苦笑の裡に淡く盛り上げられた失望の色が見えた。医者は白いた
    着の前に両手を組み合わせたまま、ちょっと首を傾けた。その様子が「御気の
    だから仕方がありません。医者は自分の職業に対して虚言を吐く訳に行かない
    という意味に受取れた。
10
11  津田は無言のまま帯を締め直して、椅子の背に投げ掛けられた袴を取り上げな
    の方を向いた。
12
```

3 **2** の操作を繰り返すとカーソルを増やせます。

```
≡ 明暗.txt
1    医者さんは探りを入れた後で、手術台の上から津田さんを下した。
2
3    「やっぱり穴が腸まで続いているんでした。この前探った時は、途中に瘢痕の
     ので、ついそこが行きどまりだとばかり思って、ああ云ったんですが、今日疎
     ために、そいつをがりがり掻き落して見ると、まだ奥があるんです」
4
5    「そうしてそれが腸まで続いているんですか」
6
7    「そうです。五分ぐらいだと思っていたのが約一寸ほどあるんです」
8
9    津田さんの顔には苦笑の裡に淡く盛り上げられた失望の色が見えた。医者さん
     ぶした上着の前に両手を組み合わせたまま、ちょっと首を傾けた。その様子が
     すが事実だから仕方がありません。医者さんは自分の職業に対して虚言を吐く
     んですから」という意味に受取れた。
10
11   津田さんは無言のまま帯を締め直して、椅子の背に投げ掛けられた袴を取り上
     医者さんの方を向いた。
```

4 文字を入力すると、カーソルが表示されている箇所に同じ文字が挿入されます。ここではカーソルを合わせたすべての箇所に「さん」と入力されました。

```
≡ 明暗.txt
1    医者さんは探りを入れた後で、手術台の上から津田さんを下した。
2
3    「やっぱり穴が腸まで続いているんでした。この前探った時は、途中に瘢痕の
     ので、ついそこが行きどまりだとばかり思って、ああ云ったんですが、今日疎
     ために、そいつをがりがり掻き落して見ると、まだ奥があるんです」
4
5    「そうしてそれが腸まで続いているんですか」
6
7    「そうです。五分ぐらいだと思っていたのが約一寸ほどあるんです」
8
9    津田さんの顔には苦笑の裡に淡く盛り上げられた失望の色が見えた。医者さん
     ぶした上着の前に両手を組み合わせたまま、ちょっと首を傾けた。その様子が
     すが事実だから仕方がありません。医者さんは自分の職業に対して虚言を吐く
     んですから」という意味に受取れた。
10
11   津田さんは無言のまま帯を締め直して、椅子の背に投げ掛けられた袴を取り上
     医者さんの方を向いた。
```

5 Esc キーで範囲選択を解除します。複数あったカーソルが1つに戻ります。

任意の箇所の文字を削除する

```
≡ 明暗4.txt
1      細君は色の白い女であった。そのせいで形の好い彼女の眉が一際引っ立って見
2
3    彼女はまた癖のようによくその眉を動かした。惜しい事に彼女の眼は細過ぎた。
     嫣のない一重瞼であった。
4
5    けれどもその一重瞼の中に輝やく瞳子は漆黒であった。だから非常によく働ら
     専横と云ってもいいくらいに表情を恣ままにした。津田は我知らずこの小さい
     に牽きつけられる事があった。
```

1 文字を挿入したい箇所にカーソルを合わせます。

2 Alt キーを押しながら、文字を挿入したい箇所をクリックします。

```
≡ 明暗4.txt
1      細君は色の白い女であった。そのせいで形の好い眉が一際引っ立って見えた。
2
3    彼女はまた癖のようによくその眉を動かした。惜しい事に眼は細過ぎた。おま
     い一重瞼であった。
4
5    けれどもその一重瞼の中に輝やく瞳子は漆黒であった。だから非常によく働ら
     専横と云ってもいいくらいに表情を恣ままにした。津田は我知らずこの小さい
     に牽きつけられる事があった。
```

3 Back space キーを3回押して、「彼女の」という文言を削除します。編集が終了したら Esc キーで解除することを忘れないようにしましょう。

116

同じテキストが登場する箇所を
まとめて編集する

テキストファイルを編集していると、同じテキストが登場する箇所をまとめて修正したいことがよくあります。マルチカーソルの応用である「選択の追加」を使うと直感的に複数の箇所を編集できます。

選択を1つずつ追加して編集する

同じテキストを複数選択する場合、マルチカーソルを使うよりも、「選択の追加」を使ったほうが楽に選択できます。

```
≡ 明暗.txt
1  医者は探りを入れた後で、手術台の上から津田を下した。
2
3  「やっぱり穴が腸まで続いているんでした。この前探った時は、途中に瘢痕の
```

1 編集したいテキストを、マウスドラッグか `Shift` + 矢印キーで選択します。

```
≡ 明暗.txt
1  医者は探りを入れた後で、手術台の上から津田を下した。
2
3  「やっぱり穴が腸まで続いているんでした。この前探った時は、途中に瘢痕の
   ので、ついそこが行きどまりだとばかり思って、ああ云ったんですが、今日疎
   ために、そいつをがりがり掻き落して見ると、まだ奥があるんです」
4
5  「そうしてそれが腸まで続いているんですか」
6
7  「そうです。五分ぐらいだと思っていたのが約一寸ほどあるんです」
8
9  津田の顔には苦笑の裡に淡く盛り上げられた失望の色が見えた。医者は白いだ
   着の前に両手を組み合わせたまま、ちょっと首を傾けた。その様子が「御気の
```

2 `Ctrl`+`D`（Mac では `command`+`D`）キーを押すと、次の一致するテキストを選択に追加します。

```
≡ 明暗.txt
1  医者は探りを入れた後で、手術台の上から津田を下した。
2
3  「やっぱり穴が腸まで続いているんでした。この前探った時は、途中に瘢痕の
   ので、ついそこが行きどまりだとばかり思って、ああ云ったんですが、今日疎
   ために、そいつをがりがり掻き落して見ると、まだ奥があるんです」
4
5  「そうしてそれが腸まで続いているんですか」
6
7  「そうです。五分ぐらいだと思っていたのが約一寸ほどあるんです」
8
9  津田の顔には苦笑の裡に淡く盛り上げられた失望の色が見えた。医者は白いだ
   着の前に両手を組み合わせたまま、ちょっと首を傾けた。その様子が「御気の
   だから仕方がありません。医者は自分の職業に対して虚言を吐く訳に行かない、
   という意味に受取れた。
10
11 津田は無言のまま帯を締め直して、椅子の背に投げ掛けられた袴を取り上げな
   の方を向いた。
```

3 **2** の操作を繰り返すと、次の一致するテキストを選択に追加していきます。

```
≡ 明暗.txt
1    医者は探りを入れた後で、手術台の上から[西潟]を下した。
2
3      「やっぱり穴が腸まで続いているんでした。この前探った時は、途中に瘢痕の[
       ので、ついそこが行きどまりだとばかり思って、ああ云ったんですが、今日疎[
       ために、そいつをがりがり掻き落して見ると、まだ奥があるんです」
4
5      「そうしてそれが腸まで続いているんですか」
6
7      「そうです。五分ぐらいだと思っていたのが約一寸ほどあるんです」
8
9    [西潟]の顔には苦笑の裡に淡く盛り上げられた失望の色が見えた。医者は白いだ[
       着の前に両手を組み合わせたまま、ちょっと首を傾けた。その様子が「御気の[
       だから仕方がありません。医者は自分の職業に対して虚言を吐く訳に行かない[
       という意味に受取れた。
10
11   [西潟]は無言のまま帯を締め直して、椅子の背に投げ掛けられた袴を取り上げな[
       の方を向いた。
12
```

4 テキストを編集すると、追加した箇所をまとめて変更できます。

選択に追加せずにスキップする

一致するテキストの中に変更したくない箇所がある場合、次の一致するテキストへ移動するショートカットキーを使いましょう。

```
≡ 明暗.txt
1    医者は探りを入れた後で、手術台の上から津田を下した。
2
3      「やっぱり穴が腸まで続いているんでした。この前探った時は、途中に瘢痕の[
       ので、ついそこが行きどまりだとばかり思って、ああ云ったんですが、今日疎[
       ために、そいつをがりがり掻き落して見ると、まだ奥があるんです」
4
5      「そうしてそれが腸まで続いているんですか」
6
7      「そうです。五分ぐらいだと思っていたのが約一寸ほどあるんです」
8
9    津田の顔には苦笑の裡に淡く盛り上げられた失望の色が見えた。医者は白いだ[
       着の前に両手を組み合わせたまま、ちょっと首を傾けた。その様子が「御気の[
       だから仕方がありません。医者は自分の職業に対して虚言を吐く訳に行かない[
```

1 テキストを選択します。

2 Ctrl + D キーで次の一致するテキストにカーソルを移動します。

```
≡ 明暗.txt
1    医者は探りを入れた後で、手術台の上から津田を下した。
2
3      「やっぱり穴が腸まで続いているんでした。この前探った時は、途中に瘢痕の[
       ので、ついそこが行きどまりだとばかり思って、ああ云ったんですが、今日疎[
       ために、そいつをがりがり掻き落して見ると、まだ奥があるんです」
4
5      「そうしてそれが腸まで続いているんですか」
6
7      「そうです。五分ぐらいだと思っていたのが約一寸ほどあるんです」
8
9    津田の顔には苦笑の裡に淡く盛り上げられた失望の色が見えた。医者は白いだ[
       着の前に両手を組み合わせたまま、ちょっと首を傾けた。その様子が「御気の[
       だから仕方がありません。医者は自分の職業に対して虚言を吐く訳に行かない[
       という意味に受取れた。
10
11   津田は無言のまま帯を締め直して、椅子の背に投げ掛けられた袴を取り上げな[
       の方を向いた。
12
```

3 Ctrl + K キーを押したあとに Ctrl + D キーを押すと、その箇所の選択が解除され、次の一致するテキストに移動します。

4 2つ目の一致するテキストを飛ばして、3つ目の一致するテキストを選択に追加しました。

✎ command
次の一致項目に移動

| Win | Ctrl + K の次に Ctrl + D |
| Mac | command + K の次に command + D |

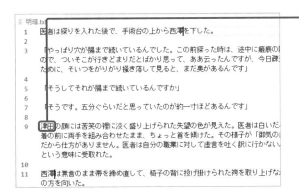

5 テキストを編集すると、2番目の一致するテキストを除いて変更されました。

同じテキストを一度にすべて選択する

ファイル内に登場する数が多くて何度もキーを押すのが大変な場合は、ファイル内の同じテキストを一度にすべてを選択しましょう。まとめてテキストを修正する際は、本当にまとめて修正してもよいか注意してください。

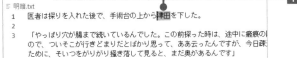

1 編集したいテキストを選択します。

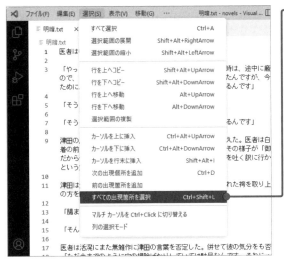

2 <選択>→<すべての出現箇所を選択>をクリックします。

🖉 command

一致するすべての出現箇所を選択

Win	Ctrl + Shift + L
Mac	command + shift + L

行を移動・複製する

特定の行を別の箇所に移動・複製したいとき、そのたびに行を選択してコピー＆
ペーストすることもできますが、VS Code には行単位でテキストを編集する機能が
備わっています。行単位で編集する技を身につけましょう。

行を移動する

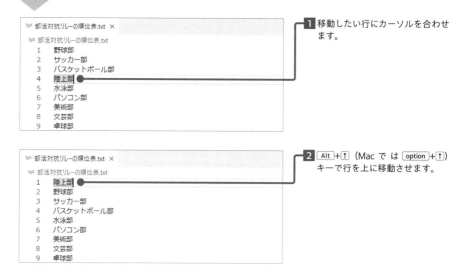

1 移動したい行にカーソルを合わせ
ます。

2 `Alt`+`↑`（Mac では `option`+`↑`）
キーで行を上に移動させます。

行を複製する

特定の行を複製します。行のすべてを選択してからコピー＆ペーストするよりも簡単に
複製でき、タグや長い文章を複製するときに便利です。

1 複製したい行を選択します。

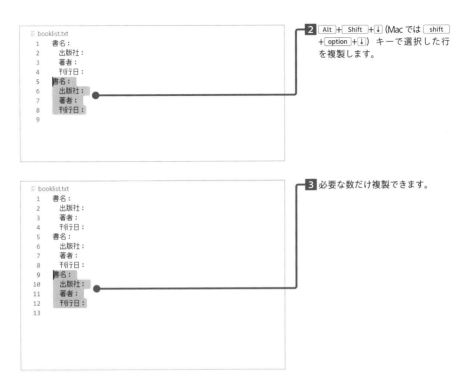

2 `Alt`+`Shift`+`↓` (Mac では `shift`+`option`+`↓`) キーで選択した行を複製します。

3 必要な数だけ複製できます。

もちろん、複数の項目をまとめて複製することもできます。行単位での移動や複製は使う機会が多い機能なので、覚えておきましょう。

カーソルを縦方向に拡大する

マルチカーソルを応用すれば、カーソルを縦方向に拡大して一度に複数の行を編集することもできます。データをカンマで区切るCSVのようなファイルで、複数行のデータの同じところに同じテキストを入力できます。

複数の行を一度に編集する

カーソルを拡大して複数の行を一度に編集することができます。複数のデータをカンマで区切るCSVという形式のファイルを編集するときや、行の末尾に同じテキストをまとめて挿入したいときなどに便利です。

1 編集を開始したい行にカーソルをおきます。

2 Ctrl + Alt + ↓ キーで次の行にカーソルが表示されます。

```
✎ command
カーソルを上下に拡大する
Win    Ctrl + Alt + ↑ / ↓
Mac    command + option + ↑ / ↓
```

3 必要な数だけカーソルを増やすことができます。

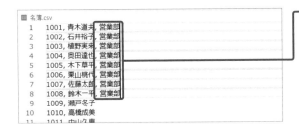

4 複数箇所に同時に文字を挿入します。

5 Esc キーで範囲選択を解除します。

<div class="column">

column

伸ばしすぎたカーソルを縮める

カーソルの拡大を利用していると、編集したくない項目までカーソルを伸ばしてしまうことがあります。そのたびに Esc キーで範囲選択を解除してやりなおすのは面倒です。
Ctrl + U (Mac では command + U) キーを押すと、最後のカーソル操作を取り消して、カーソルを縮めることができます。

また、Alt (Mac では option) キーを押しながら任意のカーソルをクリックすると、そこを選択範囲から外せます。

名簿.csv	
1	1001, 青木道夫
2	1002, 石井裕子
3	1003, 植野実来
4	1004, 奥田達也
5	1005, 木下草平
6	1006, 栗山桃代
7	1007, 佐藤太郎
8	1008, 鈴木一平
9	1009, 瀬戸冬子
10	1010, 高橋成美
11	1011, 中山久恵

</div>

テキストを矩形選択する

矩形選択とは、複数行にわたって長方形に文字列を選択することです。HTMLファイルやCSVファイルなどで、同じ構造が続く複数行の文字列を編集するとき、通常の範囲選択では含まれてしまう箇所を除いて編集できます。

矩形選択を使ってテキストを編集する

似た構造が続くテキストを編集する場合、通常の選択では困ることがあります。
たとえば、下の画像では\<li\>タグに付けた「class」属性を削除したいのですが、通常の範囲選択では「class」属性以外も選択されてしまいます。

「class」属性だけを選択したくても、通常の範囲選択ではそれ以外の箇所も選択されてしまいます。

このようなときに役立つのが、テキストを長方形のかたちに選択できる矩形（くけい）選択です。

1 選択したい箇所の始点にカーソルを合わせます。

2 Shift + Alt （Mac では shift + option ）キーを押したまま、終点をクリックします。

未保存ファイルを
クリップボード代わりに使う

何度も使うテキストを毎回入力していては手間がかかります。VS Codeには、テキストファイルを未保存のまま保持する機能が備わっています。この機能を活用し、未保存ファイルに使い回すテキストを残しておき、コピーして使って効率的に作業しましょう。

未保存ファイルを残す設定にする

「Files:Hot Exit」はエディターを終了するときに保存を確認するか、保存されていないファイルをセッション後も保持するかを制御する設定項目です。確実に未保存ファイルを残したい場合は、「onExitAndWindowClose」を選びましょう。

> **Files: Hot Exit**
> エディターを終了するときに保存を確認するダイアログを省略し、保存されていないファイルをセッション後も保持するかどうかを制御します。
>
> onExit　　　　　　　　　　　　　　　　　　　　　∨

「Files:Hot Exit」の設定値

設定値	機能
off	Hot Exitを無効にし、未保存ファイルがある状態でウィンドウを閉じると、保存を確認するダイアログを表示します
onExit	既定値。最後のウィンドウを閉じたときHot Exitを適用します。保存確認のダイアログを省略し、次回起動したときに未保存のファイルを復元します
onExitAnd WindowClose	最後かどうかに関わらず、ウィンドウを閉じたときにHot Exitを適用します。保存確認のダイアログを省略し、次回起動したときに未保存のファイルを復元します

未保存ファイルをクリップボード代わりに使う

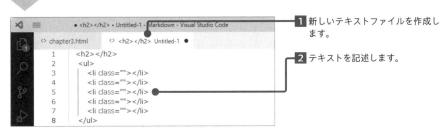

1 新しいテキストファイルを作成します。

2 テキストを記述します。

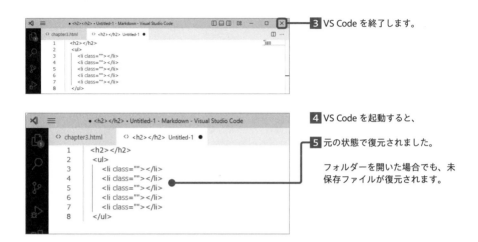

3 VS Code を終了します。

4 VS Code を起動すると、

5 元の状態で復元されました。

フォルダーを開いた場合でも、未保存ファイルが復元されます。

HTML や Markdown（P.150参照）では、毎回同じタグなどを書いていると手間がかかります。未保存ファイルにそのようなテキストをメモしておくことで、繰り返し書く手間を省いて効率よく作業ができます。

「Files:Hot Exit」の設定値を「off」にした場合

「Files:Hot Exit」の設定値を「off」にすると、下記の画像のように保存確認ダイアログが表示されます。＜保存しない＞を選ぶと、VS Code を再起動したときに未保存ファイルが消えてしまうため注意しましょう。

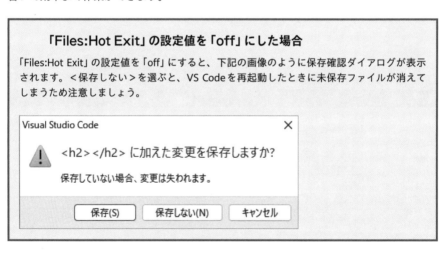

ファイル内のテキストを検索・置換する

VS Code には、Word などにも備わっているテキストの検索・置換機能があります。「検索ウィンドウ」に入力した文字を、ハイライト表示した視覚的にわかりやすい形で検索・置換ができます。

ファイル内のテキストを検索する

エディターで開いているファイルから任意のテキストを検索します。

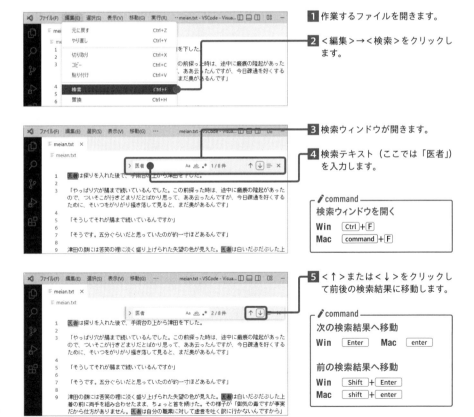

1 作業するファイルを開きます。

2 <編集>→<検索>をクリックします。

3 検索ウィンドウが開きます。

4 検索テキスト（ここでは「医者」）を入力します。

---command---
検索ウィンドウを開く

Win Ctrl + F

Mac command + F

---

5 <↑>または<↓>をクリックして前後の検索結果に移動します。

---command---
次の検索結果へ移動

Win Enter **Mac** enter

前の検索結果へ移動

Win Shift + Enter

Mac shift + enter

ファイル内のテキストを置換する

任意のテキストを別のテキストに置換することができます。

1 <編集>→<置換>をクリックします。

2 検索したいテキストと置換したいテキストを入力します。ここでは「医者」を「せんせい」に置換します。

3 <置換>をクリックするか[Enter]キーを押すと、選択中のテキストが置換されます。

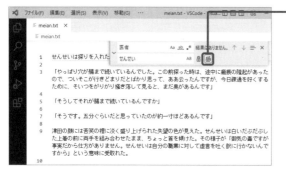

4 <すべて置換>をクリックすると、一致したすべてのテキストを置換します。

複数ファイルのテキストを
検索・置換する

検索ビューでは、1つのファイル内のテキストを検索・置換するだけではなく、開
いているフォルダーやワークスペース内にあるすべてのファイルのテキストをまと
めて検索・置換できます。

複数ファイルのテキストを検索する

検索ウィンドウ（P.127参照）では、編集中の1つのファイルからテキストを検索しまし
たが、検索ビューを使えば複数のファイルからまとめて検索ができます。

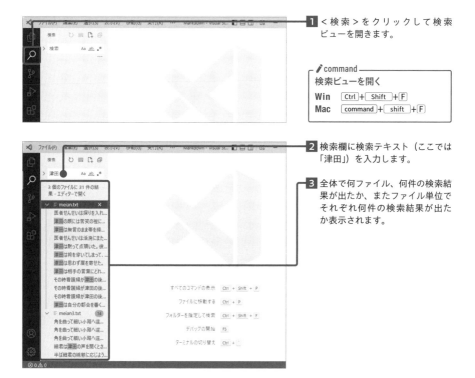

1 ＜検索＞をクリックして検索
ビューを開きます。

```
command
検索ビューを開く
Win   Ctrl + Shift + F
Mac   command + shift + F
```

2 検索欄に検索テキスト（ここでは
「津田」）を入力します。

3 全体で何ファイル、何件の検索結
果が出たか、またファイル単位で
それぞれ何件の検索結果が出た
か表示されます。

複数ファイルのテキストを置換する

検索ビューで複数ファイルにわたって検索したテキストを別のテキストに置換できます。

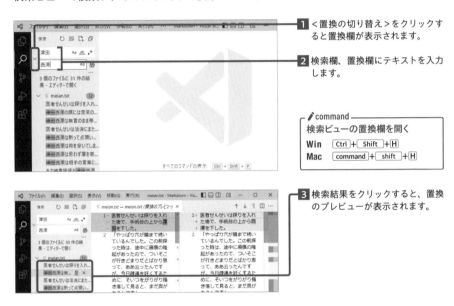

1 <置換の切り替え>をクリックすると置換欄が表示されます。

2 検索欄、置換欄にテキストを入力します。

> **command**
> **検索ビューの置換欄を開く**
> **Win** Ctrl + Shift + H
> **Mac** command + shift + H

3 検索結果をクリックすると、置換のプレビューが表示されます。

1箇所ずつテキストを置換する

1 テキストの横にある<置換>をクリックします。

> **command**
> **複数ファイル内のテキストを置換**
> **Win** Ctrl + Shift + 1
> **Mac** command + shift + 1

1ファイルずつテキストを置換する

1 ファイル名の横にある<置換>をクリックします。

すべてのテキストを置換する

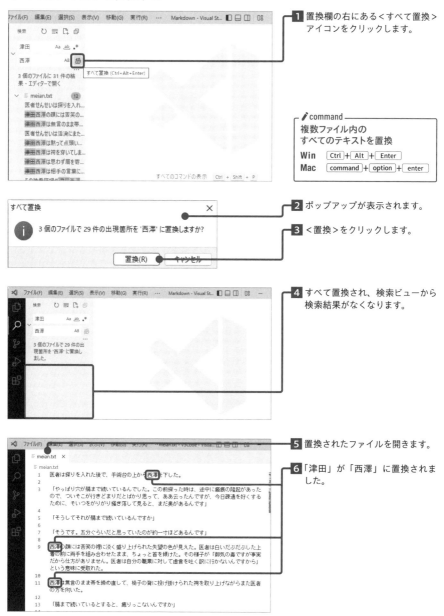

1 置換欄の右にある＜すべて置換＞アイコンをクリックします。

📌 command
複数ファイル内の
すべてのテキストを置換

Win Ctrl + Alt + Enter
Mac command + option + enter

2 ポップアップが表示されます。

3 ＜置換＞をクリックします。

4 すべて置換され、検索ビューから検索結果がなくなります。

5 置換されたファイルを開きます。

6 「津田」が「西澤」に置換されました。

一括で置換されたデータを元に戻す

一括置換を実行してから間違いに気づいた場合は、置換されたファイルのうちどれか1つを
開いて置換を取り消すことができます。

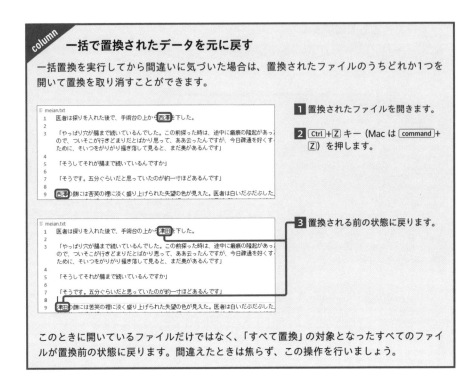

1 置換されたファイルを開きます。

2 Ctrl + Z キー（Mac は command + Z）を押します。

3 置換される前の状態に戻ります。

このときに開いているファイルだけではなく、「すべて置換」の対象となったすべてのファイ
ルが置換前の状態に戻ります。間違えたときは焦らず、この操作を行いましょう。

検索・置換の対象から外す

テキストの置換を行うときに、特定の箇所やファイルを置換したくない場合があります。
以下の操作で、置換の対象から外せます。

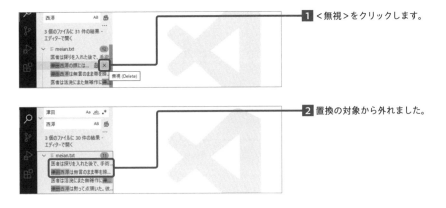

1 <無視>をクリックします。

2 置換の対象から外れました。

拡張子やファイル名で検索対象を絞り込む

テキストの検索・置換の際に、特定の拡張子やファイル名をもつファイルのみを対象にしたい場合、以下の操作で絞り込みができます。

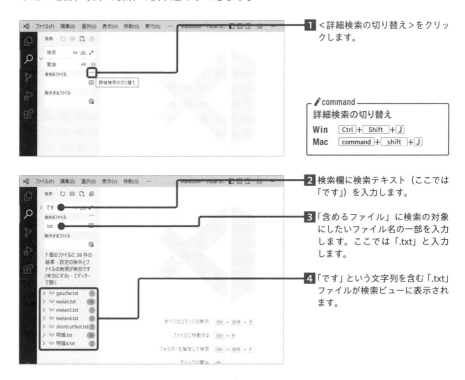

1 <詳細検索の切り替え>をクリックします。

✎ command
詳細検索の切り替え

Win	Ctrl + Shift + J
Mac	command + shift + J

2 検索欄に検索テキスト（ここでは「です」）を入力します。

3 「含めるファイル」に検索の対象にしたいファイル名の一部を入力します。ここでは「.txt」と入力します。

4 「です」という文字列を含む「.txt」ファイルが検索ビューに表示されます。

ワイルドカードについて

文字列を検索するときに、「任意の文字列」を表す特殊文字を使って条件をつけて絞り込むことができます。「任意の文字列」を表す特殊文字をワイルドカードと呼びます。
ワイルドカードは「?」や「*」を使って表します。「?」は「任意の1文字」、「*」は「任意の文字列を何文字でも」を表します。

条件	意味	例
sample*.md	「sample」で始まる任意の文字列を含む md ファイル	sample1.md、sample_test.md
*sample.md	「sample」で終わる任意の文字列を含む md ファイル	test_sample.md、t_sample.md
sample?.md	「sample」で始まる任意の1文字を含む md ファイル	sample1.md、sample2.md
?sample.md	「sample」で終わる任意の1文字を含む md ファイル	1sample.md、2sample.md

たとえば、下の画像はP.133の「含めるファイル」を「mei*.txt」に変更しました。「mei」で始まる任意の文字列を含む「txt」ファイルを検索します。

ライティングに役立つ拡張機能を導入する

拡張機能には、1つでさまざまな機能を備えているものと単独の機能をもつものがあります。ここではライティングに役立つ拡張機能のうち、すぐに役立つものを紹介します。役立ちそうだと思ったらインストールしてみてください。

「CharacterCount」で文字数をカウントする

「CharacterCount」はプレーンテキスト形式か Markdown 形式のファイル内の文字をリアルタイムでカウントし、ステータスバーに文字数を表示します。

1 拡張機能ビューで「Character Count」を検索してインストールします。

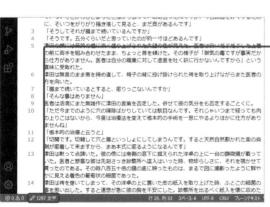

2 テキストファイルを開きます。

3 ステータスバーに文字数が表示されます。

4 文字を入力します。

5 ステータスバーの文字数が変化します。

「Japanese Word Handler」でカーソル操作を日本語向きにする

既定の状態のVS Codeでは、英語の場合は Ctrl + 矢印キーを押すと、単語の先頭、末尾に移動します。しかし、日本語の場合はその機能が効かず、文頭、文末へカーソルが移動してしまいます。
「Japanese Word Handler」を使うと漢字やひらがな、カタカナ、句読点単位でカーソル操作ができるようになります。

1 拡張機能ビューで「Japanese Word Handler」を検索してインストールします。

「Japanese Word Handler」の主なキーバインド

コマンド	機能
Ctrl + 矢印キー	カーソルを漢字、ひらがな、カタカナ、句読点単位で移動する
Ctrl + Back space / Delete キー	漢字、ひらがな、カタカナ、句読点単位で文字を削除する
Ctrl + Shift + 矢印キー	漢字、ひらがな、カタカナ、句読点単位で文字を選択する

「Bookmarks」で行に目印を付ける

「Bookmarks」を使うと行にブックマークを付け、ブックマーク間を簡単に移動できます。

1 拡張機能ビューで「Bookmarks」を検索してインストールします。

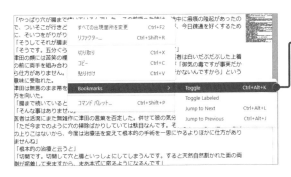

2 ファイルを開きます。

3 右クリックして、< Bookmarks >
→< Toggle >を選択します。

📌 command

ブックマークを付ける

Win	Ctrl + Alt + K
Mac	command + option + K

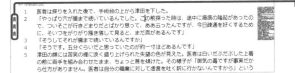

4 カーソルがある段落にブックマークが付きました。

5 Ctrl + Alt + L / J キーでブックマーク間を移動します。

📌 command

ブックマーク間の移動

Win	Ctrl + Alt + L / J
Mac	command + option + L / J

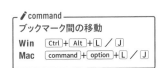

---

column

ブックマークを消す

ブックマークが付いている段落にカーソルを置いた状態で Ctrl + Alt + K キーを押すと、ブックマークを削除できます。

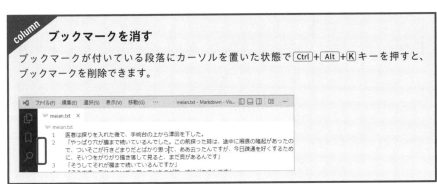

「TODO Highlight」で任意の文字を強調する

「TODO Highlight」をインストールすると、任意の文字をハイライト表示できます。語句の登録だけではなく、文字色や背景色も設定できます。

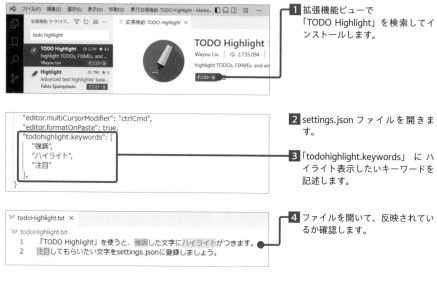

1 拡張機能ビューで「TODO Highlight」を検索してインストールします。

2 settings.json ファイルを開きます。

3 「todohighlight.keywords」 に ハイライト表示したいキーワードを記述します。

4 ファイルを開いて、反映されているか確認します。

キーワードごとに文字色と背景色を変更する

settings.json ファイルを編集することで、文字色と背景色を変更できます。

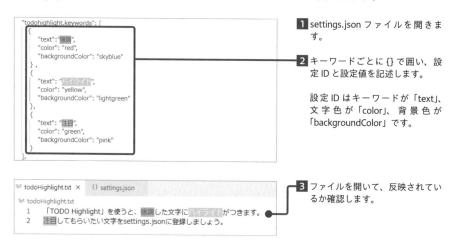

1 settings.json ファイルを開きます。

2 キーワードごとに {} で囲い、設定 ID と設定値を記述します。

設定 ID はキーワードが「text」、文字色が「color」、背景色が「backgroundColor」です。

3 ファイルを開いて、反映されているか確認します。

138

novel-writerで執筆する

SF作家の藤井太洋氏が作成した拡張機能「novel-writer」は、小説など日本語の文章を書くことに適した、いわば統合執筆環境です。さまざまな機能があるので、単機能の拡張機能と使い分けましょう。

「novel-writer」をインストールする

1 拡張機能ビューから「novel-writer」を検索してインストールします。

2 .txt形式のファイルを開きます。

3 <言語モードの選択>をクリックします。

4 「novel(novel)」を選択します。

5 「novel-writer」が反映されました。品詞やカギカッコ内のセリフに色が付きました。

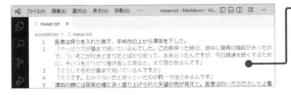

6 ステータスバーに文字数が表示されます。左側はプロジェクト全体の文字数、右側は編集中のファイルの文字数を表しています。

文字数のカウントについて

「novel-writer」の文字数カウントは、.txtファイル以外はうまくカウントできません。
たとえばHTMLやPythonなどのファイルは文字数がカウントされません。他にも、フォルダー内のMarkdownファイルは編集中のファイルは文字数がカウントされますが、プロジェクト全体の文字数には含まれません。
そのため「novel-writer」を使う場合は、.txt形式にすることをおすすめします。

「締め切りフォルダー」を設定する

執筆では合計○○文字書けという決まりがあることが多いです。また、執筆者が目標の文字数を決めることで作業にメリハリをつけられます。そんなときに役立つのが締め切りフォルダーです。

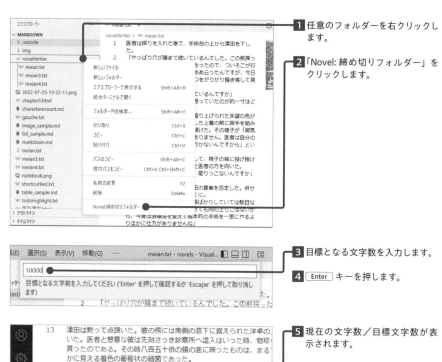

1 任意のフォルダーを右クリックします。

2 「Novel: 締め切りフォルダー」をクリックします。

3 目標となる文字数を入力します。

4 Enter キーを押します。

5 現在の文字数／目標文字数が表示されます。

縦書きプレビュー

VS Code は横書きのテキストエディターですが、「novel-writer」の縦書きプレビューコマンドで、編集中のファイルを縦書き表示できます。

まずはコマンドパレットを開きます。コマンドパレットに「novel」と入力して「Novel:縦書きプレビュー」コマンドを実行すると、縦書きプレビューが表示されます。

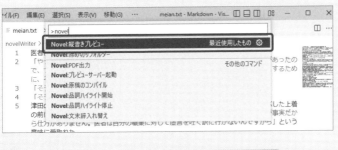

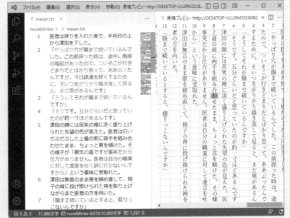

さらに、「プレビューサーバー起動」コマンドを実行すると、外部の Web ブラウザで表示できます。Web ブラウザで原稿プレビュータブに表示されるアドレス「http://localhost:80XX/」にアクセスすると、縦書きプレビューが表示されます。

novel-writerで
品詞のハイライト設定を変える

「novel-writer」による品詞ごとの色分けは、「Novel：品詞ハイライト開始」「Novel:品詞ハイライト停止」コマンドによってオン／オフができます。また、settings.jsonから品詞の色を設定できます。

品詞ハイライトの切り替えコマンド

品詞ハイライトは文章の構造をつかむうえで便利な機能ですが、この機能が不要な人は「Novel:品詞ハイライト停止」コマンドを実行しましょう。

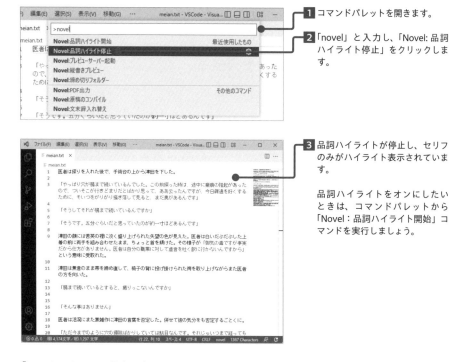

1 コマンドパレットを開きます。

2 「novel」と入力し、「Novel: 品詞ハイライト停止」をクリックします。

3 品詞ハイライトが停止し、セリフのみがハイライト表示されています。

品詞ハイライトをオンにしたいときは、コマンドパレットから「Novel：品詞ハイライト開始」コマンドを実行しましょう。

「novel-writer」で紹介したコマンドは、ショートカット登録（P.89参照）できます。頻繁に使うコマンドは、ショートカット登録しておくと便利です。

品詞の色を設定する

「novel-writer」の既定では、「Default Light+」と「Default Dark+」テーマ向けに品詞ハイライトが設定されています。別のカラーテーマにすると、色分けされなくなります。他のカラーテーマで品詞ハイライトを使う場合は、settings.json ファイルにカラーテーマを追加する必要があります。

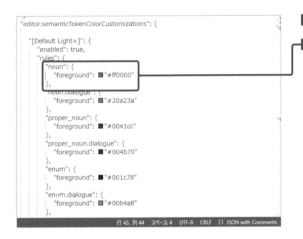

1 settings.json ファイルを開きます。

2 「editor.semanticTokenColorCustomizations」内の「Default Light+」内の「noun」の設定値を「#ff0000」に変更します。

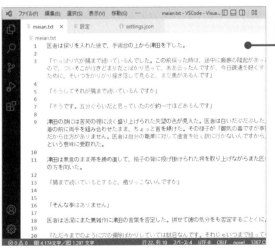

3 名詞が赤色に変わりました。

3
テキストライティングの技

143

section
017

日本語の文章を校正する

文章に誤字脱字はつきものです。日本語の文章をチェックする拡張機能「テキスト
校正くん」を使ってみましょう。「テキスト校正くん」は文章内で問題のある箇所を
波線で強調し、<問題パネル>に問題点の内容を表示します。

「テキスト校正くん」をインストールする

1 拡張機能ビューでテキスト校正
くんを検索してインストールしま
す。

「テキスト校正くん」で日本語をチェックする

「テキスト校正くん」の主なチェック項目

テキスト校正くんには、さまざまなチェック項目があります。詳しいチェック項目につい
ては、拡張機能ページの「詳細」を確認してください。

```
text.txt
1    ・である調とですます調
2    この文章はである調である。。
3    こちらはですます調です。
4
```

「である調」と「ですます調」が
混在しています。

```
5    ・同じ助詞の連続使用
6    彼は朝は早い。。
7
```

同じ助詞が連続使用されていま
す。

```
・読点の多様
文章は、区切りすぎても、読みづらいので、できるだけ短く区切って、まとめましょう。
```

1文の読点が4つ以上になると
チェックされます。

エディター画面で問題を確認する

テキスト校正くんは、問題のある箇所に波線が表示されます。波線が出ている箇所にマウスポインターを合わせると、問題点がポップアップ表示されます。

1 波線が表示されているテキストにマウスポインターを合わせます。

2 ポップアップで問題点が表示されます。

問題パネルで問題を確認する

問題パネルには、ワークスペースのソースコード内のエラーや警告が表示されます。問題点を網羅的に確認できます。「テキスト校正くん」をインストールしていると、文中の問題点だけではなく修正案も表示されます。

1 日本語のファイルを開きます。ここでは Markdown ファイルを使用します。

2 Ctrl + Shift + M
（Mac では command + shift + M）キーで問題パネルを開きます。

3 問題パネルに問題の指摘と修正案が表示されます。

4 問題パネルの問題点をクリックすると、エディターの該当箇所がハイライト表示されます。

「novel-writer」とは併用できない

「novel-writer」が有効のときに「テキスト校正くん」がインストールされていても、文章はチェックされません。「テキスト校正くん」を使うときは、「novel-writer」を無効、またはアンインストールし、VS Codeを再起動しましょう。

テキスト校正の
チェック項目を編集する

「テキスト校正くん」の初期設定では、すべての項目が有効になっています。そのため、望んでいない箇所がチェックされる場合があります。設定画面から特定の項目を無効にすることで、最適な作業環境を実現しましょう。

校正項目を無効にする

設定画面を開き、＜拡張機能＞→＜テキスト校正くん＞をクリックすると、「テキスト校正くん」の設定が表示されます。「テキスト校正くん」の設定項目は、ほとんどがチェックボックスです。説明文を読み、不要な項目のチェックマークを外しましょう。

1 設定画面を開きます。

2 ＜拡張機能＞をクリックします。

3 ＜拡張機能＞内の＜テキスト校正くん＞をクリックします。

4 「Textlint：読点の数」のチェックマークを外します。

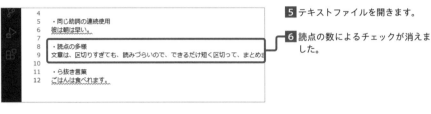

5 テキストファイルを開きます。

6 読点の数によるチェックが消えました。

7 続いて、設定画面から「Textlint：ら抜き言葉」のチェックマークを外します。

8 テキストファイルを開くと、ら抜き言葉のチェックが消えました。

エディター画面を分割する

VS Codeではエディター画面を上下左右に分割できます（P.106参照）。編集中の画面と設定画面を並べて表示することで、チェックマークを外したときの変化を確認しながら設定変更ができます。

Chapter 4

Markdownを使った
文書作成の技

Markdown記法で
テキストを構造化する

この章では、Markdownという形式のファイルを記述する方法を紹介します。
Markdown はテキストに見出しや箇条書きなどの文章構造をもたせることや、文字
の強調を施すことができます。

Markdownとは

長文のテキストには、見出しや強調といった読みやすくするための「構造」が必要になり
ます。ただのテキストファイルではその要求を満たすことができないため、多くの場合、
Wordなどのワープロソフトが長文作成に使われます。しかし、その場合はWordがなけ
れば編集・閲覧できないという問題が出てきます。

この問題の解決策の1つとして注目されているのが、Markdown です。Markdownは「#」
や「*」などの記号を使って構造を表すため、テキストファイルでありながら、ワープロ
ソフトに近い表現力をもちます。また、HTMLに変換できるのも大きな特徴です。

Markdown形式のファイルを作成する

Markdown ファイルとは、Markdown のルールに従って書かれたテキストファイルです。
拡張子を「.md」にします。

1 フォルダーを開きます。

ここでは「Markdown」というフォ
ルダーを作成し、その中に Mark
down ファイルを追加します。

2 エクスプローラービューの＜新しいファイル＞をクリックします。

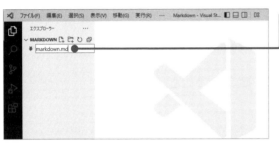

3 ファイル名（ここでは「markdown.md」）を入力します。

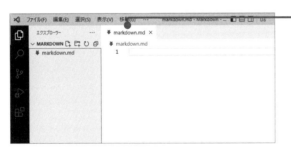

4 Markdown ファイルが作成されました。

---

^{column} **Markdownの方言**

誕生当初の Markdown はかなりシンプルなものだったため、機能を追加するためにさまざまな方言が生まれました。有名な方言に、GitHub が作成した GitHub Flavored Markdown（GFM）などがあります。その後、乱立する方言の統一を目指して、各方言の仕様を整理した CommonMark が誕生しました。

VS Code は CommonMark をサポート対象とし、markdown-it という Markdown パーサ（Markdown を HTML に変換するプログラム）を使っています。そのため、markdown-it がサポートしている表や取り消し線を使うことができます。

https://commonmark.org

Markdownファイルを
プレビュー表示する

VS Codeでは、Markdownファイルの内容をMarkdown記法のルールに従って装飾した結果をプレビュー表示できます。ここでは、見出しを表す「#」がどのように表示されるか確認します。

Markdownで見出しを書く

Markdown記法では、行頭の「#」のあとに半角スペースを空けると、その行が見出しとみなされます。見出しは「#」の数によって、1〜6までのランクをもちます。これはHTMLのh1〜h6に対応しています。
それでは、Markdownファイルに「#」が1つの見出しと本文を書いてみましょう。

```
# 見出し
この文は見出しではありません。

本文の段落を空けたいときは1行空けます。
```

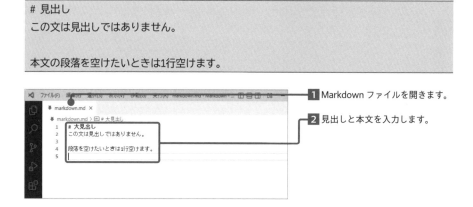

1 Markdownファイルを開きます。

2 見出しと本文を入力します。

Markdownファイルをプレビュー表示する

VS Codeは標準でプレビュー機能をもっています。MarkdownをHTMLに変換して別タブに表示します。タブを別グループ（P.108参照）にすることもできます。

プレビューを横に表示する

1 ＜プレビューを横に表示＞をク
リックします。

✐ command

プレビューを横に表示

Win `Ctrl`+`K` の次に `V`
Mac `command`+`K` の次に `V`

2 編集中のファイルの横にプレ
ビューが表示されます。

3 Markdown ファイルを編集する
と、変更内容がリアルタイムに反
映されます。

スクロールバーが連動しているた
め、長い文章をプレビューすると
きに便利です。

4

Markdownを使った文書作成の技

---

column

エクスプローラービューからプレビューを表示する

プレビューはタブやエクスプローラービューから開くこともできます。タブやエクスプロー
ラービューに表示されているMarkdownファイルを右クリックし、＜プレビューを開く＞ま
たは＜横に並べて開く＞クリックするとプレビューが表示されます。

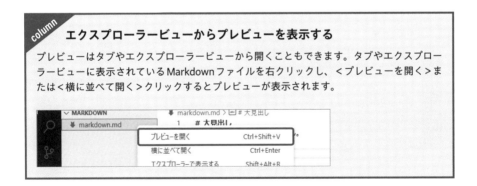

タブにプレビューを表示する

プレビューを表示する方法はもう1つあります。ウィンドウサイズが小さく、横に並べて
表示する余裕がない場合は、プレビューをタブとして開くこともできます。

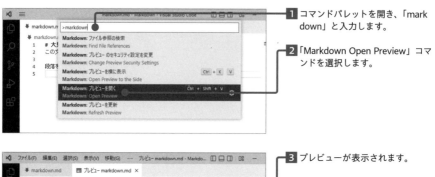

1 コマンドパレットを開き、「markdown」と入力します。

2 「Markdown Open Preview」コマンドを選択します。

3 プレビューが表示されます。

> ✏ command
> プレビューをタブに表示
> **Win** `Ctrl` + `Shift` + `V`
> **Mac** `command` + `shift` + `V`

---

^{column} **複数のMarkdownファイルを切り替えながらプレビューする**

複数のMarkdownファイルをプレビューするときは、タブにプレビューを表示すると簡単に切り替えられます。
Markdownファイルと同じグループの別のMarkdownファイルを表示すると、プレビュー画面が切り替わります。

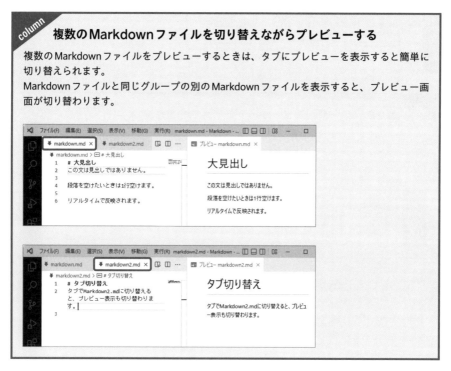

Markdownファイルで
文字を強調する

Markdown記法では、「*（アスタリスク）」で囲んだ文字を強調できます。「*」は2つまで付けることができます。1つと2つで囲んだとき、どのように強調されるか確認しましょう。

「*(アスタリスク)」で文字を強調する

「*」が1つの場合は斜体、2つの場合は太字として強調されます。

*アスタリスク*が1つです。

アスタリスクが2つです。

1 Markdownファイルを編集します。

2 プレビューを表示します。

「*(アスタリスク)」以外の装飾

文字の装飾は「*」以外にもあります。ここではいくつか紹介します。

~~取消線~~

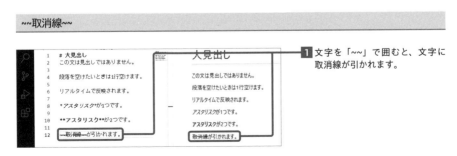

1 文字を「~~」で囲むと、文字に取消線が引かれます。

バッククォートで囲むと`<div></div>`、このようにコードの一部として表示できます。

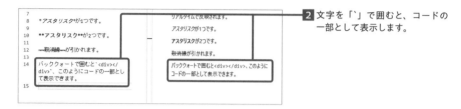

2 文字を「`」で囲むと、コードの一部として表示します。

行頭に「>」を付けると、「引用」になります。他の文献などから引用した部分を明確にしたい場合などに使います。HTMLのblockquote要素に変換され、Markdownプレビューでは罫線付きの枠で表示されます。

以下は引用文です。

```
> Lorem ipsum dolor sit amet, consectetur adipiscing elit, sed do eiusmod tempor
incididunt ut labore et dolore magna aliqua. Ut enim ad minim veniam, quis nostrud
exercitation ullamco laboris nisi ut aliquip ex ea commodo consequat.
```

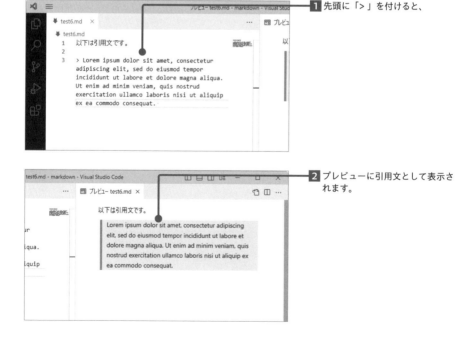

1 先頭に「>」を付けると、

2 プレビューに引用文として表示されます。

Markdownファイルで
箇条書きを作成する

Markdown記法では、簡単に箇条書き（リスト）を作成できます。先ほど文字を強調するときに使用した「*（アスタリスク）」は、リスト作成でも使用されます。順番をもたないリストと順番をもつリストの書き方を学びましょう。

順番をもたないリスト

行頭に「*」か「-（ハイフン）」のあとに半角スペースを書いて表します。

- 富士山
- 大台ヶ原山
- 高尾山

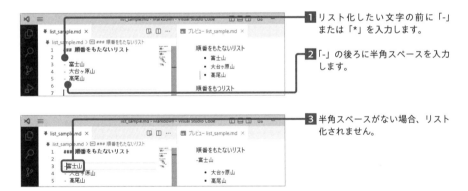

1 リスト化したい文字の前に「-」または「*」を入力します。

2 「-」の後ろに半角スペースを入力します。

3 半角スペースがない場合、リスト化されません。

順番をもつリスト

リスト化したい文字の前に「半角数字.」、そのあとに半角スペースを書くと、順番をもつリストを表します。

1. 富士山
2. 大台ヶ原山
3. 高尾山

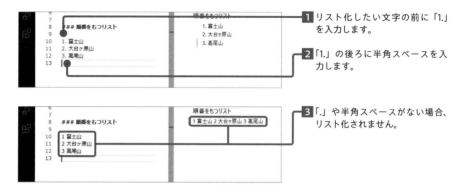

1 リスト化したい文字の前に「1.」を入力します。

2 「1.」の後ろに半角スペースを入力します。

3 「.」や半角スペースがない場合、リスト化されません。

数字をすべて1にする

文字の前に入力する数字は、自分でカウントアップしなくても、自動で数字を増やしてくれます。

1. 富士山
1. 大台ヶ原山
1. 高尾山

1 すべてのリストの数字を「1.」に変えます。

2 プレビューの数字は自動的に連番になります。

リスト先頭の数字を変更する

リスト先頭の数字を変更すると、先頭の数字から順にカウントアップされます。

5. 富士山
1. 大台ヶ原山
1. 高尾山

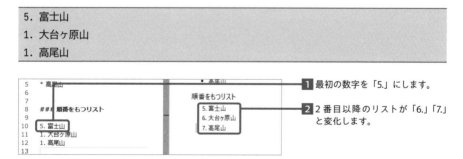

1 最初の数字を「5.」にします。

2 2番目以降のリストが「6.」「7.」と変化します。

入れ子のリストを作成する

リストの中に入れ子状のリストを作成できます。Tab キーや Space キーで行頭を半角スペース3つ以上字下げをすると、子孫リストを作成できます。リストは何回層でも作れます。

1. 日本の山
   1. 大台ヶ原山
   1. 高尾山

1. 日本の湖
   1. 琵琶湖
   1. 洞爺湖

1 親リストの下のリストを字下げします。

2 子リストが作成されます。

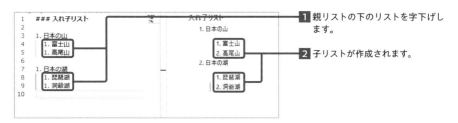

3 このように、リストは何回層でも作れます。

Markdownファイルで表を作成する

Markdown記法では、表（テーブル）を表現できます。テキストで見ても表のような見た目になります。ここでは基本的な表の作りかたと、拡張機能を使った表の整形方法を紹介します。

テーブルを作成する

表を作るには「|（パイプ）」でセルを区切り、2つ以上の「-（ハイフン）」でヘッダー行とデータ行を区切ります。セル数が合わないと表にならないため、注意しましょう。また、テキスト上の見た目を整えたいときは、半角スペースを入れてそろえます。

```
| 料理名| 値段
| --| --
| ピザ| 980
| スパゲッティ| 880
```

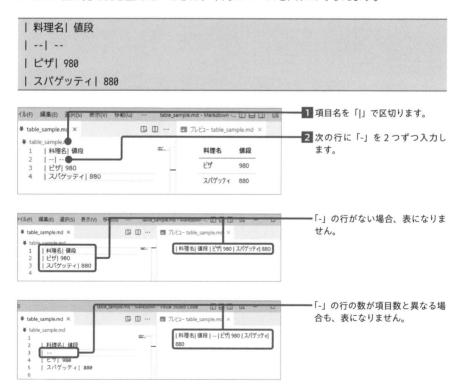

1 項目名を「|」で区切ります。

2 次の行に「-」を2つずつ入力します。

「-」の行がない場合、表になりません。

「-」の行の数が項目数と異なる場合も、表になりません。

テーブルの見た目を整える拡張機能

Markdownのエディター画面で見ても表に見えるように整形する、拡張機能の「Table Formatter」を紹介します。

1 拡張機能ビューで「Table Formatter」を検索してインストールします。

2 コマンドパレットを表示し、< Table:Format Current >コマンドを実行します。

3 < Table:Format Current >コマンドによって見た目が調整されました。

---

column うまく表にならないときは

記法に間違いがないのにうまく表にならないときは、表の上下を1行空けると解決することがあります。

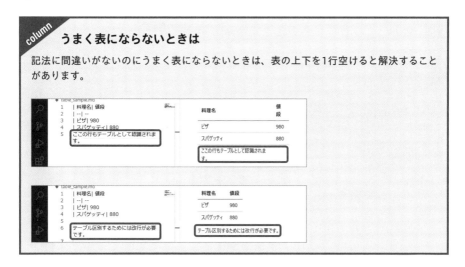

Markdownファイルに
画像を挿入する

Markdown記法では、画像リンクを「」で表します。画像はWeb向けの形式であるJPEGやPNGなどが使用できます。代替文字を入力すると、画像を読み込めなかったときに、代わりにその文字が表示されます。

画像を挿入する

Markdownで画像を挿入するには、「」と書きます。パスを文字列で示す方法には絶対パスと相対パスがありますが、普通は相対パスが使われます。相対パスの起点は現在のファイル（mdやhtml）があるフォルダーです。ファイルパスには起点となるファイルから目的の画像ファイルがある場所への道筋（パス）を記述します。

```
![ノートのアイコン](./img/notebook.png)
```

1 「image_sample.md」ファイルと同じ階層に< img >フォルダーを作成します。

2 < img >フォルダーの中に画像ファイルを準備します。

3 画像へのパスを記述します。

4 プレビューを表示します。

5 画像が表示されます。

「！」がないとリンクに変わる

GFMでは、画像のパスを示す「」の「！」がない場合、画像へのリンクを表します。

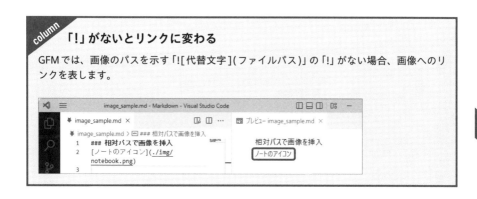

「Paste Image」で画像を挿入する

作業フォルダーにファイルを配置してから、相対パスを挿入するのは面倒です。これを自動化するのが「Paste Image」です。

1 拡張機能ビューで「Paste Image」を検索してインストールします。

2 画像ファイルを選択して、Ctrl + C (Mac では command + C)キーを押します。

3 画像を挿入したい箇所にカーソルを移動します。

4 Ctrl + Alt + V （Mac では command + option + V ）キーを押すと、

5 画像を挿入する Markdown 記法が追加され、

6 Markdown ファイルと同じ階層に画像ファイルがコピーされました。

---

column

画像ファイルを特定のサブフォルダーに保存するには

既定では、操作しているファイルと同じ階層に画像ファイルがコピーされます。
settings.json で「pageImage.path」の設定値を変えると、コピー先のフォルダーを指定できます。下の画像では作業フォルダーの直下にある img フォルダーをコピー先に指定しています。

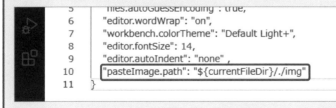

```
  5     files.autoGuessEncoding : true,
  6     "editor.wordWrap": "on",
  7     "workbench.colorTheme": "Default Light+",
  8     "editor.fontSize": 14,
  9     "editor.autoIndent": "none" ,
 10     "pasteImage.path": "${currentFileDir}/./img"
 11   }
```

Markdownの記号を
そのまま表示する

Markdownのテキスト内では「*」は強調などの意味をもちます。単に「*」という記号として表示したい場合は、直前に「\ (バックスラッシュ)」を付ける「エスケープ」という記法を使います。

エスケープして記号を入力する

Markdownで特別な意味をもつ「*」をそのまま記号として表示させたい場合は、「*」のように入力します。また、Markdown内ではHTMLタグも有効なので、タグで使用する「<」や「>」もそのまま表示できません。同じように「\<」や「\>」のように入力します。

```
エスケープ
strongは\*\*と\*\*ではさみます。

タグ\<Tag\>もエスケープが必要です。
```

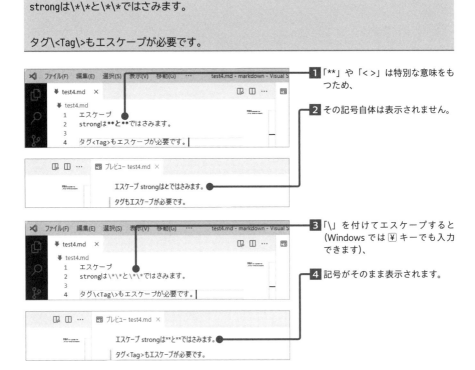

1 「**」や「<>」は特別な意味をもつため、

2 その記号自体は表示されません。

3 「\」を付けてエスケープすると（Windowsでは ¥ キーでも入力できます）、

4 記号がそのまま表示されます。

4

Markdownを使った文書作成の技

ソースコードを表示する

プログラムなどを解説する原稿を書くためにMarkdown内にソースコードを挿入したい場合は、「`（バッククォート）」3つで前後を囲みます。ソースコードを色分けすることもできます。

Markdown内にソースコードを書く記法

前後を「`（バッククォート）」3つで囲んだ範囲内は、ソースコード扱いになります。なお、「```」で囲む代わりに、行頭を半角スペースで4字以上字下げした場合も、ソースコード扱いになります。

```
```
console.log('Hello World');
```


```
body {
    background: #ffe;
}
```


```
<h1>head</h1>
```
```

1 「```」を前後に付けると

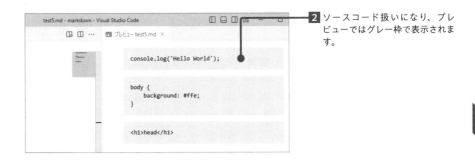

2 ソースコード扱いになり、プレ
ビューではグレー枠で表示されま
す。

ソースコードを色分けする

ソースコードを見やすくするために色分けしたい場合は、先頭の「```」に言語の種類を
表す文字を加えます。この色分けをシンタックスハイライトといいます。

```js
console.log('Hello World');
```

```css
body {
    background: #ffe;
}
```

```html
<h1>head</h1>
```

1 言語の種類を指定すると、ソース
コードが色分けされます。

167

Markdown内でTeXの数式を書く

VS Code の Markdown プレビューは、標準で数式の表示に対応しています。「$ (ダラー)」で囲んだ範囲内はTeX (テックス、テフ) の数式として表示されます。TeX の記法については、KaTeX のページなどを参照してください。

数式表示を有効にする

VS Codeは拡張機能なしで数式を表示することができます。標準で有効になっていますが、表示されない場合は設定を確認してください。

1 設定画面を開きます。

2 検索欄に「math」と入力します。

3 「組み込みのマークダウンプレビューでの数式のレンダリングを有効 / 無効にします。」にチェックを入れます。

数式用の拡張機能もいくつか公開されており、それらをインストールしているとVS Code標準の数式表示機能とバッティングすることがあります。使う必要がなければ無効にしてください。

TeXの数式を入力する

TeXの数式は、テキスト内に書く「インライン」と、1つの図のように配置する「ディスプレイ」の2種類があります。インライン数式にしたい場合は1つの「$」で囲み、ディスプレイ数式にしたい場合は2つの「$」で囲みます。なお、ディスプレイ数式の途中に空白行は入れないようにしてください。

```
インラインの数式⫶$c=a+b^2$

ディスプレイ数式

$$
f(x)=\frac{1}{\sqrt{2\pi}}\exp\left(-\frac{x^2}{2}\right)
$$


$$
\displaystyle
\left( \sum_{k=1}^n a_k b_k \right)^2
\leq
\left( \sum_{k=1}^n a_k^2 \right)
\left( \sum_{k=1}^n b_k^2 \right)
$$
```

1 TeX 記法を含めて入力すると、

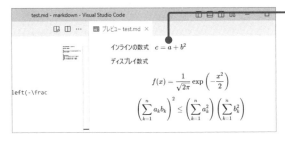

2 プレビューに数式が表示されます。

KaTeX公式サイトで数式の記法を調べる

VS Code標準の数式表示機能は、「KaTeX」というライブラリを使用しています。VS Code内でどのTeX記法を使えるかは、KaTeXの公式サイト内のドキュメントで調べることができます。

・KaTeX
https://katex.org/docs/supported.html

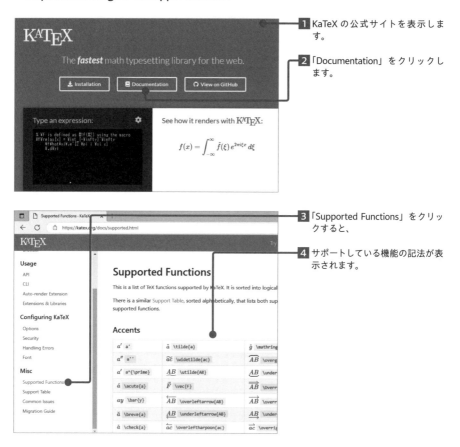

1 KaTeX の公式サイトを表示します。

2 「Documentation」をクリックします。

3 「Supported Functions」をクリックすると、

4 サポートしている機能の記法が表示されます。

KaTeXのドキュメントには「Support Table」という項目もありますが、こちらはKaTeXが対応していないものも含めたTeX記法が掲載されています。当然ながら対応していない記法は使えないため、通常は「Supported Functions」の情報を参照してください。

Mermaidを使って図を作成する

Markdown原稿に図を入れたい場合、通常は作図ソフトを併用します。しかし、「Markdown Preview Mermaid Support」という拡張機能をインストールすると、テキストでフローチャートなどを書くことができます。

「Markdown Preview Mermaid Support」をインストールする

Mermaidは、「Markdownにインスパイアされた記法」で図を描くJavaScriptライブラリです。「Markdown Preview Mermaid Support」を使うと、VS CodeのMarkdownプレビューで図を表示できるようになります。フローチャート、シーケンス図、状態遷移図、ガントチャート、マインドマップなどを描くことができます。

1 拡張機能ビューで「Mermaid」を検索して「Markdown Preview Mermaid Support」をインストールします。

Mermaid記法で書く

Mermaid記法は、Markdownでソースコードを書く記法の応用です（P.166参照）。「```」のあとに「mermaid」を付けると、その部分のコードをMermaid記法として処理します。

```
mermaid記法を使って作図


```mermaid
graph TD;
  A-->B;
```
```

```
A-->C;
B-->D;
C-->D;
` ` `
```

1 Mermaid 記法を含めて入力すると、

2 プレビューに図が表示されます

Mermaid記法を調べる

Mermaidの公式サイトのドキュメントで、記法を調べることができます。

・Mermaid Document
https://mermaid.js.org/intro/

「Markdown All in One」で Markdown編集を効率化する

機能拡張「Markdown All in One」には、さまざまなショートカットキーやコマンド
があります。ショートカットキーを使ってワープロソフトのように編集したり、コ
マンドを使って目次を作成したりできます。

「Markdown All in One」をインストールする

「Markdown All in One」は、Markdownファイルの編集に役立つ拡張機能です。さま
ざまなショートカットキーや目次作成機能、画像などのリンクを自動補完する機能など
があります。

1 拡張機能ビューで「Markdown
All in One」を検索してインストー
ルします。

ショートカットキーを活用する

「Markdown All in One」には、さまざまなショートカットキーがあります。ここでは
ショートカットキーを一部紹介します。

太字タグのショートカットキー
文字を太字にするショートカットキーの B は「bold」に由来します。

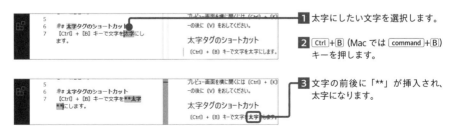

1 太字にしたい文字を選択します。

2 Ctrl + B (Mac では command + B)
キーを押します。

3 文字の前後に「**」が挿入され、
太字になります。

斜体タグのショートカットキー

文字を斜体にするショートカットキーの[I]は「italic」に由来します。

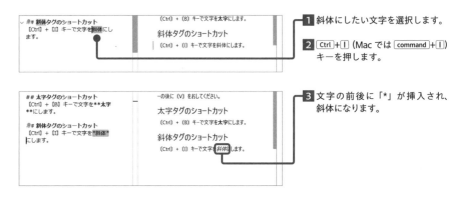

1 斜体にしたい文字を選択します。

2 [Ctrl]+[I]（Mac では [command]+[I]）キーを押します。

3 文字の前後に「*」が挿入され、斜体になります。

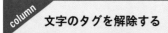
見出しレベルを変えるショートカットキー

1 見出しレベルを変えたい行にカーソルを合わせます。

2 [Ctrl]+[Shift]+[]]
（Mac では [command]+[shift]+[]]）キーを押します。

3 「#」が追加され、見出しレベルが変わりました。

目次を作成するコマンドを実行する

コマンドパレットで「Markdown All in One: Create Table of Contents」コマンドを実行すると、目次を自動作成できます。目次は、見出しへのリンクのリストとして作成されます。

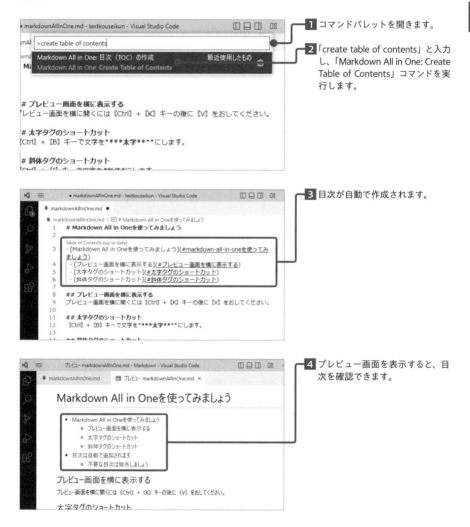

1 コマンドパレットを開きます。

2 「create table of contents」と入力し、「Markdown All in One: Create Table of Contents」コマンドを実行します。

3 目次が自動で作成されます。

4 プレビュー画面を表示すると、目次を確認できます。

コマンドで作成した目次を操作する

コマンドで作成した目次には、自動で目次を更新する機能や特定の見出しを目次から除外する機能があります。

目次の自動更新を確認する

見出しを追加したMarkdownファイルを保存するか、もしくは「Markdown All in One: Update Table of Contents」コマンドを再度実行すると、目次が更新されます。以下では、ファイルを保存する方法で更新します。

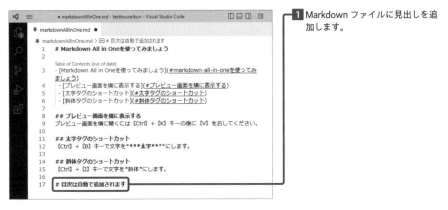

1 Markdownファイルに見出しを追加します。

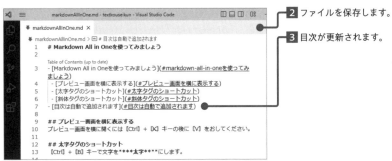

2 ファイルを保存します。

3 目次が更新されます。

特定の見出しを目次から除外する

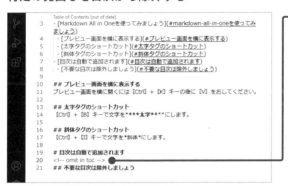

1 目次から除外する見出しの上に「<!-- omit in toc -->」と入力します。

2 ファイルを保存、または目次更新コマンドを実行します。

3 目次から指定した見出しが除外されました。

---

column
エクスプローラービューのアウトラインで見出しを確認する

エクスプローラービューのアウトラインを展開すると、Markdownファイルでは見出しが表示されます。目次を追加しなくても、VS Codeに標準搭載されている機能で文章構造を確認できます。また、アウトラインに表示された見出しをクリックすると、クリックした見出しにカーソルが移動します。

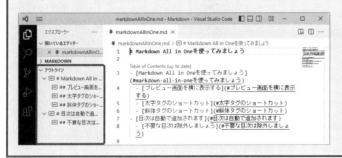

Markdownファイルから
スライドを作成する

拡張機能「Marp for VS Code」を使うことで、Markdownファイルからプレゼンテーション用のスライドを作成できます。Marpのメリットと使い方を理解し、VS Codeから簡単にスライドを作成してみましょう。

拡張機能「Marp for VS Code」をインストールする

Marpとは、Markdownの文法でスライドを作成できるツールです。Marpの主なメリットには、OSを問わず同じ使い方ができる点や、PDFやPowerPoint形式で出力できる点があります。
「Marp for VS Code」をインストールし、MarkdownをHTMLとして読み取ってスライドを作成できるように設定します。

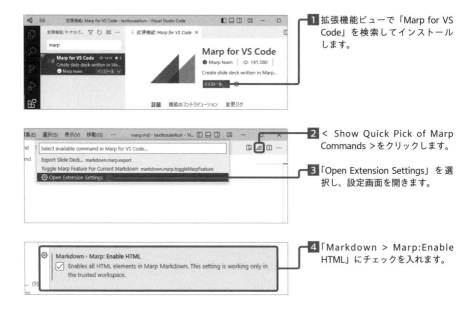

1 拡張機能ビューで「Marp for VS Code」を検索してインストールします。

2 ＜ Show Quick Pick of Marp Commands ＞をクリックします。

3 「Open Extension Settings」を選択し、設定画面を開きます。

4 「Markdown > Marp:Enable HTML」にチェックを入れます。

「Marp for VS Code」を使ってスライドを作成する

Front Matterを設定する

「Front Matter」は、ファイルの冒頭に2つの「---（3つ以上のハイフン）」の間（ドキュメントの前付けにあたる）にYAML（ヤムル）またはJSON形式で記述したもので、Markdownに何らかの設定情報を加えたいときに使います。

「Marp for VS Code」では、Markdownファイルの先頭にFront Matterで「marp: true」と指定すると、プレビューがMarp用に切り替わります。このFront Matterを挿入するコマンドも用意されています。なお、YAMLでは「:（コロン）」の後ろに半角スペースが必要なので、注意してください。

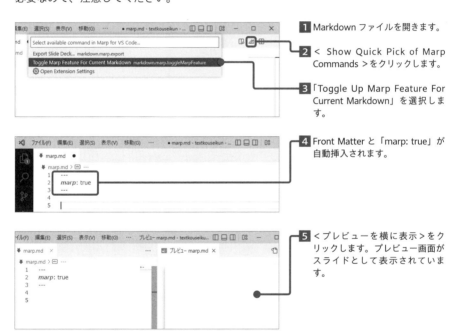

1 Markdownファイルを開きます。

2 < Show Quick Pick of Marp Commands >をクリックします。

3 「Toggle Up Marp Feature For Current Markdown」を選択します。

4 Front Matterと「marp: true」が自動挿入されます。

5 <プレビューを横に表示>をクリックします。プレビュー画面がスライドとして表示されています。

スライドを作成する

続いてスライドを作成します。スライドは「---（ハイフン3つ）」で改ページを表します。3つ以上のハイフンは、Markdownでは水平線を表します。「***（アスタリスク3つ）」や「___（アンダースコア3つ）」も、同じように水平線を表すので、ハイフンの代わりに使えます。

また、プレビュー画面を横に表示したまま編集すると、リアルタイムに編集内容がスライドに反映されるので便利です。

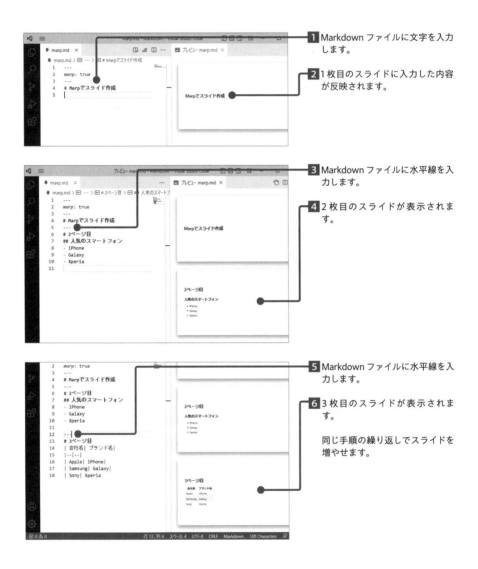

1 Markdownファイルに文字を入力します。

2 1枚目のスライドに入力した内容が反映されます。

3 Markdownファイルに水平線を入力します。

4 2枚目のスライドが表示されます。

5 Markdownファイルに水平線を入力します。

6 3枚目のスライドが表示されます。

同じ手順の繰り返しでスライドを増やせます。

「Marp for VS Code」を使ってスライドを出力する

「Marp for VS Code」で作成したスライドは、PDFやPowerPointなどのファイル形式で出力できます。ここでは、PowerPoint形式で出力してみましょう。

1 < Show Quick Pick of Marp Commands >をクリックします。

2 「Export Slide Deck...」を選択します。

3 ファイルを保存するフォルダーへ移動します。

4 「ファイルの種類」のプルダウンリストから「PowerPoint document」を選択します。

5 出力したPowerPointファイルを開くと、Marpで作成したスライドがPowerPointで表示されます。

Marpの設定

Marpでは、スライドのテーマを設定できます。コードの「marp: true」の下に「theme: 使用したいテーマ名」と追記しましょう。初期状態では「default」と「gaia」、「uncover」の3種類があります。これ以外のテーマを使いたい場合は、CSSによって自作することもできます。Marpのテーマについて詳しく知りたい方は、下記のURLを確認してください。

https://github.com/marp-team/marp-core/tree/main/themes

また、ページ番号やフッターを追加することもできます。フッターを入れたいスライドに「<!-- pagination: ture -->」のように記述することで、以降のスライドにフッターや自動採番のノンブルが追加されます。

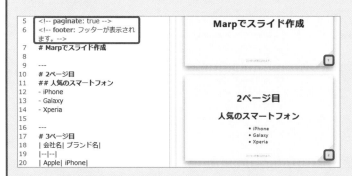

その他にもMarpでは、さまざまな設定が可能です。ここですべては紹介しきれないので、興味がある方は以下のURLで調べてください。

https://marp.app/

Chapter 5

HTML／CSS編集の技

HTMLファイルのひな型を
一瞬で作成する

Emmetと呼ばれるHTML／CSSの入力支援ツールを使うことで、省略記法を使って
入力の手間を省くことができます。VS CodeにはEmmetが標準搭載されているの
で、どんどん活用しましょう。

EmmetでHTMLのひな型を作る

Emmet（エメット）とは、HTMLやCSSを省略記法で自動入力するためのテキストエディ
ター用のプラグインです。VS CodeにはEmmetが標準搭載されているので、拡張機能
のようにインストールする必要はありません。
Emmetを使うとHTMLのひな型や複数のタグを一瞬で作成でき、コーディングの手間
を大幅に削減できます。
まずはEmmetの省略記法を使って、一瞬でHTMLファイルのひな型を作成しましょう。

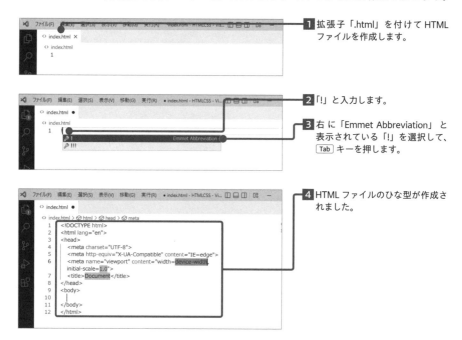

1 拡張子「.html」を付けてHTML ファイルを作成します。

2 「!」と入力します。

3 右に「Emmet Abbreviation」と 表示されている「!」を選択して、 Tab キーを押します。

4 HTMLファイルのひな型が作成さ れました。

Emmetが使えない場合は設定を確認する

Emmetは標準で有効ですが、使えない場合は以下の設定を確認してください。

> **Emmet: Show Abbreviation Suggestions**
> ☑ 利用できる Emmet 省略記法を候補として表示します。スタイルシートや
> emmet.showExpandedAbbreviation を "never" に設定していると適用されません。
>
> **Emmet: Show Expanded Abbreviation**
> 展開された Emmet 省略形を候補として表示します。オプション
> "inMarkupAndStylesheetFilesOnly" は、html、haml、jade、slim、xml、xsl、css、
> scss、sass、less、stylus に適用されます。オプション "always" は、マークアップと css に関
> 係なくファイルのすべての部分に適用されます。
>
> always ▼
>
> **Emmet: Trigger Expansion On Tab**
> ☑ 有効にすると、TAB キーを押したときに Emmet 省略記法が展開されます。

Emmetが使えないときに確認する設定項目

設定項目名	説明
Emmet:Show Abbreviation Suggestions	入力した文字列からEmmet省略記法の候補を表示します
Emmet:Show Expanded Abbreviation	Emmet省略記法の候補を表示するタイミングを制御します
Emmet:Trigger Expansion On Tab	Tab キーを押したときにEmmet省略記法を展開するか制御します

上の2つはEmmetに関係する候補リストを表示する設定です。「Emmet:Trigger Expansion On Tab」を無効にしていても、Emmetの候補リストが表示されるので Tab キーで省略記法を展開できます。

「Emmet:Show Abbreviation Suggestions」と「Emmet:Show Expanded Abbreviation」が無効になっていても、「Emmet:Trigger Expansion On Tab」が有効になっている場合は、候補リストは表示されないものの、Emmetの省略記法を正しく入力して Tab キーを押せば展開できます。

つまり、3つの設定がすべて無効になっている場合、Emmetを展開できません。

また、Emmetは拡張子がhtmlやhtm、css以外のファイルでは使えません。上記を設定しても使えない場合は、ファイルの拡張子を確認しましょう。

5

HTML／CSS編集の技

185

省略記法でHTMLタグを追加する

Emmetの省略記法は、HTMLのひな型だけではなく、個々のHTMLタグを入力するためにも使えます。また、CSSセレクタのような記法で、class属性やid属性が付いたタグを入力することもできます。

HTMLタグを追加する

HTMLファイルでliタグやtableタグなどを追加するときに、開始タグと終了タグが同時に追加できます。

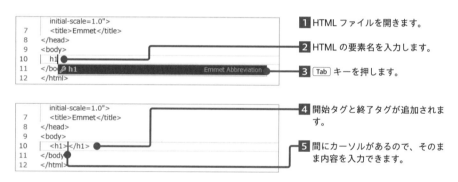

1 HTMLファイルを開きます。

2 HTMLの要素名を入力します。

3 Tab キーを押します。

4 開始タグと終了タグが追加されます。

5 間にカーソルがあるので、そのまま内容を入力できます。

HTMLタグと同時に属性を追加する

CSSセレクタを入力するだけで、HTMLタグと同時にclass属性やid属性を簡単に追加できます。

class属性付きのHTMLタグを追加する

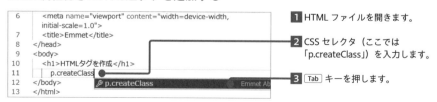

1 HTMLファイルを開きます。

2 CSSセレクタ（ここでは「p.createClass」）を入力します。

3 Tab キーを押します。

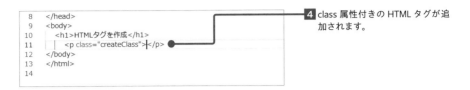

4 class 属性付きの HTML タグが追加されます。

id属性付きのHTMLタグを追加する

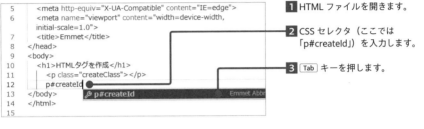

1 HTML ファイルを開きます。

2 CSS セレクタ（ここでは「p#createId」）を入力します。

3 Tab キーを押します。

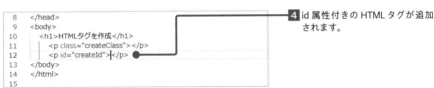

4 id 属性付きの HTML タグが追加されます。

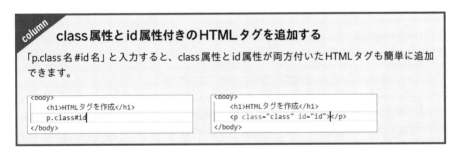

column

class属性とid属性付きのHTMLタグを追加する

「p.class名 #id名」と入力すると、class 属性とid 属性が両方付いたHTMLタグも簡単に追加できます。

divタグを追加する

要素名なしで、class セレクタかidセレクタのみを入力すると、div要素とみなされます。

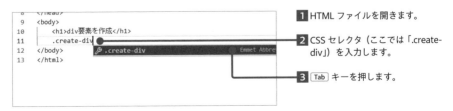

1 HTML ファイルを開きます。

2 CSS セレクタ（ここでは「.create-div」）を入力します。

3 Tab キーを押します。

5

HTML／CSS編集の技

187

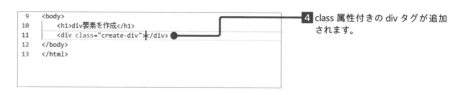

```
9    <body>
10       <h1>div要素を作成</h1>
11       <div class="create-div">|</div>
12    </body>
13    </html>
```

4 class 属性付きの div タグが追加されます。

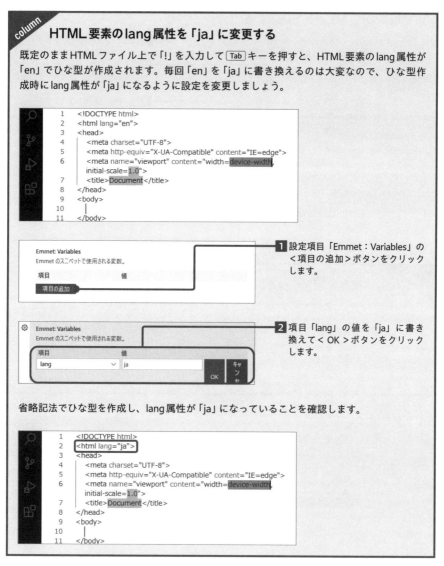

^{column}

HTML要素のlang属性を「ja」に変更する

既定のままHTMLファイル上で「!」を入力して Tab キーを押すと、HTML要素のlang属性が「en」でひな型が作成されます。毎回「en」を「ja」に書き換えるのは大変なので、ひな型作成時にlang属性が「ja」になるように設定を変更しましょう。

```
1    <!DOCTYPE html>
2    <html lang="en">
3    <head>
4        <meta charset="UTF-8">
5        <meta http-equiv="X-UA-Compatible" content="IE=edge">
6        <meta name="viewport" content="width=device-width,
         initial-scale=1.0">
7        <title>Document</title>
8    </head>
9    <body>
10
11   </body>
```

Emmet: Variables
Emmet のスニペットで使用される変数。

項目   値
項目の追加

1 設定項目「Emmet：Variables」の＜項目の追加＞ボタンをクリックします。

⚙ **Emmet: Variables**
Emmet のスニペットで使用される変数。

項目   値
lang   ∨   ja
                        OK   キャン

2 項目「lang」の値を「ja」に書き換えて＜ OK ＞ボタンをクリックします。

省略記法でひな型を作成し、lang属性が「ja」になっていることを確認します。

```
1    <!DOCTYPE html>
2    <html lang="ja">
3    <head>
4        <meta charset="UTF-8">
5        <meta http-equiv="X-UA-Compatible" content="IE=edge">
6        <meta name="viewport" content="width=device-width,
         initial-scale=1.0">
7        <title>Document</title>
8    </head>
9    <body>
10
11   </body>
```

省略記法で親子や兄弟の HTMLタグをまとめて追加する

Emmetの省略記法では、複数のHTMLタグをまとめて追加できます。同じような入力を繰り返すことなく、親子要素、兄弟要素のように入れ子構造をもつHTMLタグを簡単に作れます。

子要素を追加する

あるHTML要素の直下の要素を子要素と呼びます。省略記法ではCSSセレクタと同じく、「親要素>直下の子要素」で表します。以下の例では、articleタグが親要素、pタグが子要素になります。

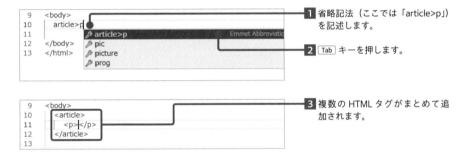

1 省略記法（ここでは「article>p」）を記述します。

2 Tab キーを押します。

3 複数のHTMLタグがまとめて追加されます。

「>」を複数書くと、孫やひ孫も同時に追加できます。次は、親子孫要素をまとめて追加します。

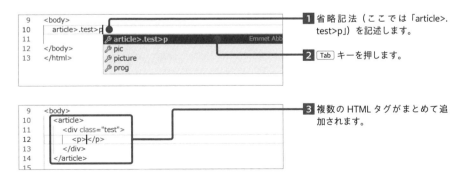

1 省略記法（ここでは「article>.test>p」）を記述します。

2 Tab キーを押します。

3 複数のHTMLタグがまとめて追加されます。

兄弟要素を追加する

HTMLでは、共通の親要素に属する要素を兄弟要素と呼びます。省略記法では、CSSセレクタで兄弟要素を指定するときと同じように、「+」でつなげて表します。以下の例では、親要素であるarticleタグに含まれる、h1タグとpタグが兄弟要素になります。

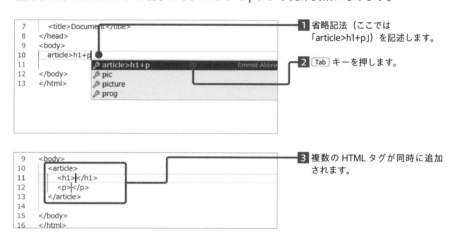

1 省略記法（ここでは「article>h1+p」）を記述します。

2 Tab キーを押します。

3 複数の HTML タグが同時に追加されます。

同じ要素を繰り返し追加する

リストのように同じ項目が続く場合、数を指定してまとめて追加することができます。省略記法では「要素名*数字」で表します。

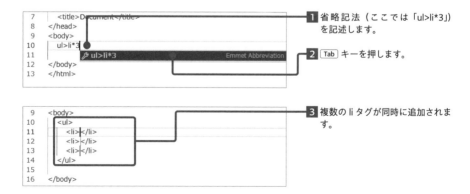

1 省略記法（ここでは「ul>li*3」）を記述します。

2 Tab キーを押します。

3 複数の li タグが同時に追加されます。

リストだけではなく、テーブルを作る場合も活用できます。

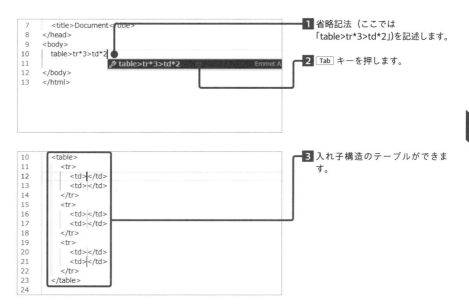

1 省略記法（ここでは「table>tr*3>td*2」）を記述します。

2 [Tab] キーを押します。

3 入れ子構造のテーブルができます。

要素のグループを繰り返す

かっこ ( ) を使ってグループ化すると、グループを繰り返し追加することができます。

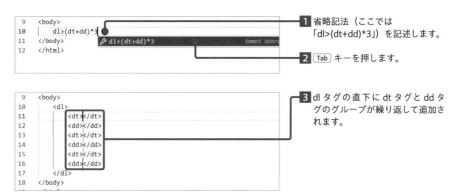

1 省略記法（ここでは「dl>(dt+dd)*3」）を記述します。

2 [Tab] キーを押します。

3 dl タグの直下に dt タグと dd タグのグループが繰り返して追加されます。

表のようにthの行とtdの行がある場合は、グループを2つ作ることでまとめて追加できます。

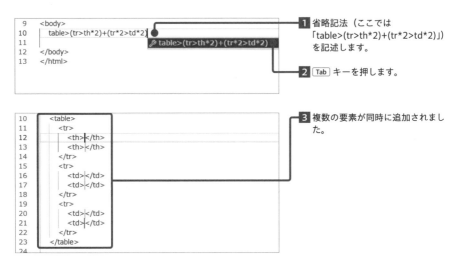

1 省略記法（ここでは「table>(tr>th*2)+(tr*2>td*2)」）を記述します。

2 Tab キーを押します。

3 複数の要素が同時に追加されました。

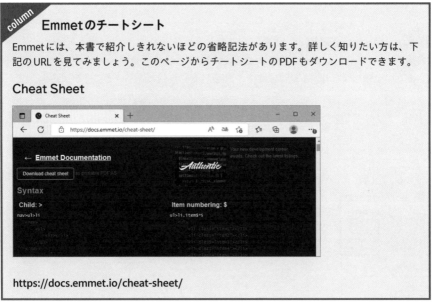

入力補完を利用して
素早くコードを書く

Emmetなどの候補リストを表示する機能を、Intellisenseといいます。HTMLだけではなく、CSSのプロパティや値も、入力補完を使って入力できます。タイプミスによるエラーを減らすだけではなく、コーディングするスピードを上げられます。

Intellisenseを使ってCSS編集を効率化する

Intellisense（インテリセンス）とは、VS Codeに標準搭載されている入力候補やクイックヒントなどの入力支援機能を指す言葉です。標準でHTMLやCSS、JavaScriptなどをサポートしており、拡張機能を使って対象言語を増やせます。
Intellisenseを使うことで、CSSを素早く編集できるようになります。たとえば、HTMLファイルでのlinkタグを追加するときに、属性値を自動で追加できます。

HTMLファイルにCSSファイルへのリンクを追加する
まずは、HTMLファイルにCSSファイルへのリンクを作成しましょう。

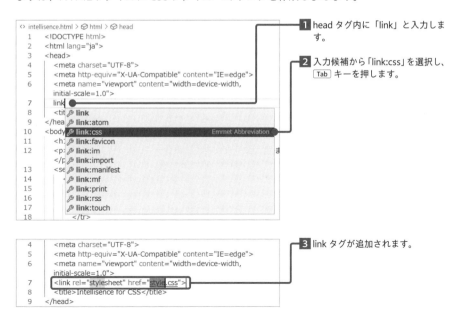

1 head タグ内に「link」と入力します。

2 入力候補から「link:css」を選択し、Tab キーを押します。

3 link タグが追加されます。

次は「style.css」を作成します。もちろん、通常の手順でファイル作成してもよいのですが、HTMLファイルから簡単にCSSファイルを作成できます。

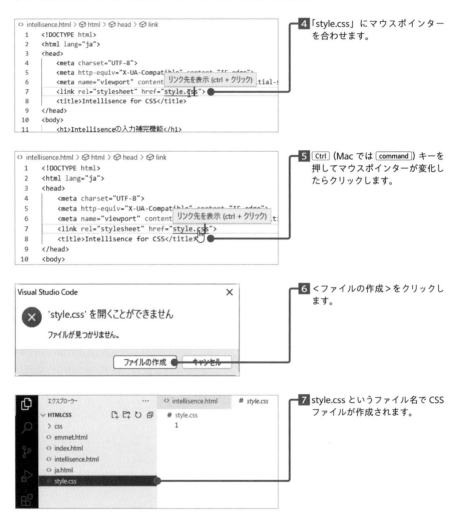

4 「style.css」にマウスポインターを合わせます。

5 [Ctrl]（Macでは[command]）キーを押してマウスポインターが変化したらクリックします。

6 ＜ファイルの作成＞をクリックします。

7 style.css というファイル名で CSS ファイルが作成されます。

column

CSSファイルをフォルダー内に作成する

CSSファイルをサブフォルダーにまとめたい場合は、linkタグのhref属性にフォルダーを含めたパスを記述してください。その状態で [Ctrl] ＋クリックすると、パスに指定したフォルダー内にCSSファイルが作成されます。フォルダーが存在しない場合は、フォルダーもまとめて作成します。

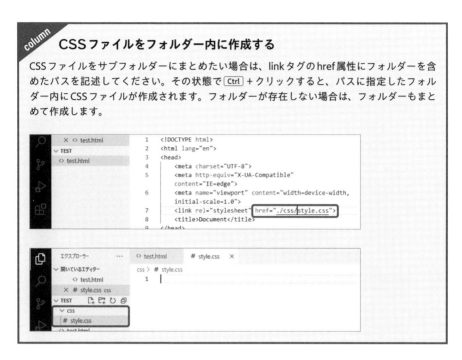

入力補完を利用してプロパティや値を入力する

CSSのプロパティや値も簡単に入力できます。

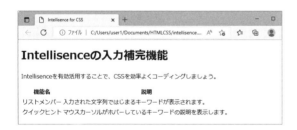

CSS 適用前の Web ページ。ここでは table 要素に対するスタイルを CSS に記述します。

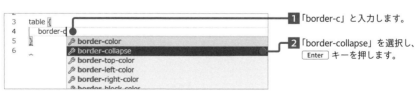

1 「border-c」と入力します。

2 「border-collapse」を選択し、[Enter] キーを押します。

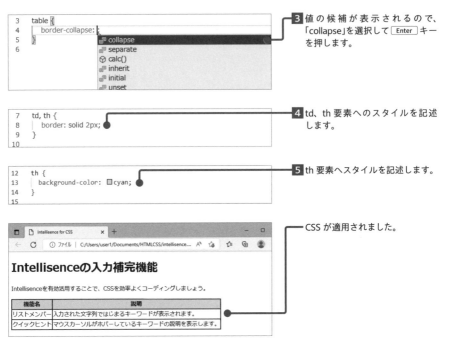

3 値 の 候補 が 表 示 さ れ る の で、「collapse」を選択して Enter キーを押します。

```
7    td, th {
8      border: solid 2px;
9    }
10
```

4 td、th 要素へのスタイルを記述します。

```
12   th {
13     background-color: cyan;
14   }
15
```

5 th 要素へスタイルを記述します。

CSS が適用されました。

Intellisenceの入力補完機能

Intellisenceを有効活用することで、CSSを効率よくコーディングしましょう。

機能名	説明
リストメンバー	入力された文字列ではじまるキーワードが表示されます。
クイックヒント	マウスカーソルがホバーしているキーワードの説明を表示します。

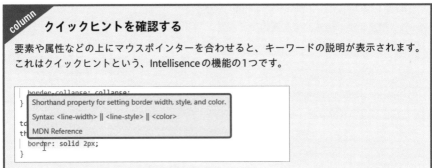

column

クイックヒントを確認する

要素や属性などの上にマウスポインターを合わせると、キーワードの説明が表示されます。これはクイックヒントという、Intellisenceの機能の1つです。

```
  border-collapse: collapse;
}   Shorthand property for setting border width, style, and color.

    Syntax: <line-width> || <line-style> || <color>
to
th  MDN Reference
  border: solid 2px;
}
```

入力補完の候補を絞り込む

HTMLとCSSで作ったWebページに動きを加えたいとき、JavaScriptを使う場合があります。JavaScriptはメソッド名が長いものが多いため、キャメルケースフィルタリングを使って、入力補完の候補を絞り込みましょう。

キャメルケースフィルタリングで入力補完候補を絞り込む

キャメルケースフィルタリングを利用すると、キャメルケースの命令などを、頭文字だけで入力できます。キャメルケースとは命名ルールの1つで、複数の英単語を組み合わせた名前を付けるときに、「isCamelCase」のように2単語目以降の先頭を大文字にします。HTMLやCSSではあまり使われませんが、JavaScriptなどのプログラミング言語で採用されています。
本書ではJavaScriptを扱いませんが、HTMLとCSSと組み合わせてよく使われるので、キャメルケースフィルタリングを覚えて損はありません。ここでは「getElementById」というJavaScriptのメソッドをキャメルケースフィルタリングで絞り込みます。

1 「getele」と入力すると似た入力候補が表示されます。

上の図のように「getele」で始まるJavaScriptのメソッドはたくさんあります。キャメルケースフィルタリングを使って、メソッドを絞り込みましょう。

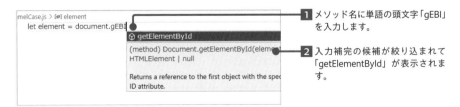

1 メソッド名に単語の頭文字「gEBI」を入力します。

2 入力補完の候補が絞り込まれて「getElementById」が表示されます。

ショートカットキーで
入力補完の候補を表示する

Intellisenseの入力補完の候補は自動で表示されますが、任意のタイミングで表示する方法があります。カーソル移動で入力補完の候補が消えたときや、既存の要素を変更するときに活用しましょう。

入力候補を表示するショートカットキー

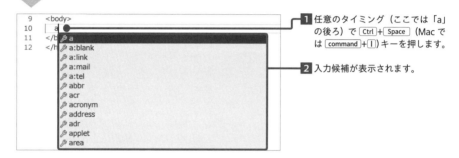

1 任意のタイミング（ここでは「a」の後ろ）で Ctrl + Space （Macでは command + I ）キーを押します。

2 入力候補が表示されます。

入力済みの要素を変更するときにも使えます。

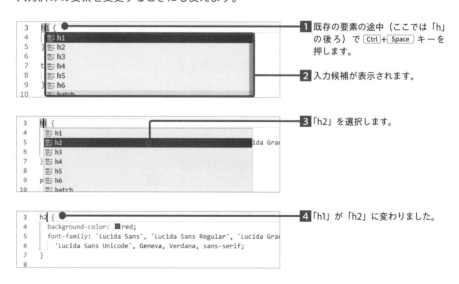

1 既存の要素の途中（ここでは「h」の後ろ）で Ctrl + Space キーを押します。

2 入力候補が表示されます。

3 「h2」を選択します。

4 「h1」が「h2」に変わりました。

マウス操作で色を指定する

CSSを使って文字や背景の色を指定する場合、通常はカラー名や16進数カラーコードを入力します。VS Codeには、視覚的に確認しながら、マウス操作で色を選択できるカラーピッカーという機能が備わっています。

カラーピッカーで色を選択する

カラー名やカラーコードを使って色を指定すると、思ったような色にならないときがあります。そんなときはカラーピッカーを使うことで、マウス操作で視覚的に色を選択できます。VS CodeがCSSを解析し、色の指定だと認識したら色見本のボックスを表示します。そのボックスにマウスカーソルをホバーさせると、カラーピッカーが表示されます。

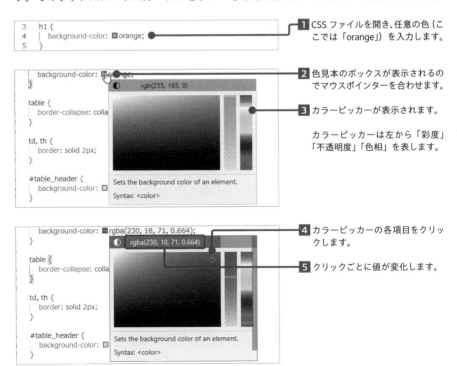

1 CSSファイルを開き、任意の色（ここでは「orange」）を入力します。

2 色見本のボックスが表示されるのでマウスポインターを合わせます。

3 カラーピッカーが表示されます。

カラーピッカーは左から「彩度」「不透明度」「色相」を表します。

4 カラーピッカーの各項目をクリックします。

5 クリックごとに値が変化します。

```
h1 {
    background-color: rgba(230, 18, 71, 0.664);
}

.text {
```

6 カラーピッカーの外にマウスポインターを移動すると、カラーピッカーが消え、選んだ色のコードが入力されます。

色を指定する形式を変更する

カラーピッカーの色の形式を示す箇所をクリックすると、カラーコードやhlsなど、色を指定する形式が変わります。

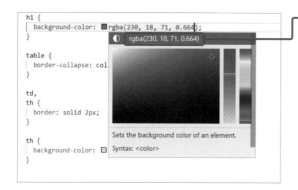

1 色の形式（ここでは「rgba」）をクリックします。

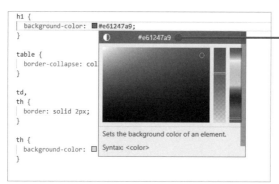

2 色の形式がカラーコードに変化しました。

---

^{column} **CSSのrgba関数とは**

rgbaとは、Red、Green、Blueの光の三原色と、不透明度を表すAlphaを組み合わせて色を指定する関数です。RGBは0から255の間で表し、不透明度は100%で完全な不透明を、0%で完全な透明を表します。
rgbaの引数は、rgba(赤, 緑, 青, 不透明度)で指定します。

HTMLファイルの編集中に
CSSの定義を確認する

HTMLファイルを編集しているときに、毎回CSSファイルを開いて確認するのは非効率的です。拡張機能「CSS Peek」を使って、HTMLファイルからCSSの定義を確認し、作業を効率化しましょう。

拡張機能「CSS Peek」をインストールする

拡張機能の「CSS Peek」を使うと、HTMLファイルを編集中にCSSの定義を確認できるようになります。

1 拡張機能ビューから「CSS Peek」を探してインストールします。

「CSS Peek」でCSS定義を確認する

HTMLファイル編集中にCSSの定義を確認するには、マウス操作する方法とショートカットキーを使う方法があります。

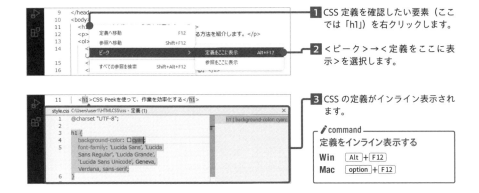

1 CSS 定義を確認したい要素（ここでは「h1」）を右クリックします。

2 <ピーク>→<定義をここに表示>を選択します。

3 CSS の定義がインライン表示されます。

✎ command
定義をインライン表示する
Win `Alt`＋`F12`
Mac `option`＋`F12`

インライン表示からCSSファイルを編集する

「CSS Peek」でインライン表示したCSSファイルは、インライン画面上で編集できます。

1 変更前の Web ページを確認します。

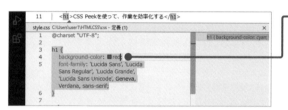

2 インライン表示をクリックして CSS を書き換えます。ここでは「background-color」を「red」に変更します。

3 h1 要素の背景色が赤色に変わりました。

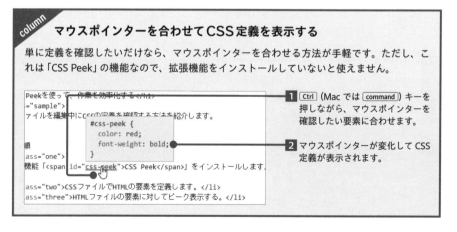

column **マウスポインターを合わせてCSS定義を表示する**

単に定義を確認したいだけなら、マウスポインターを合わせる方法が手軽です。ただし、これは「CSS Peek」の機能なので、拡張機能をインストールしていないと使えません。

1 Ctrl (Mac では command) キーを押しながら、マウスポインターを確認したい要素に合わせます。

2 マウスポインターが変化して CSS 定義が表示されます。

CSSの定義部分に移動する

「CSS Peek」では、HTMLファイルからCSSファイルを開き、定義部分を表示することもできます。CSSを本格的に編集したいときは、インライン表示よりも、ファイルを開くほうが便利です。

HTMLファイルからCSSの定義へ移動する

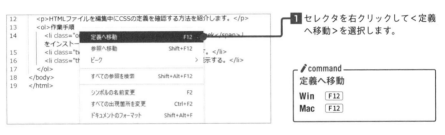

1 セレクタを右クリックして＜定義へ移動＞を選択します。

⌁command
定義へ移動
Win F12
Mac F12

2 CSSの定義部分へ移動します。

---

column

クリック操作で移動する

前ページで紹介したCSS定義を表示する方法を使って、マウスポインターが変化した状態でクリックすると、CSSの定義部分に移動できます。

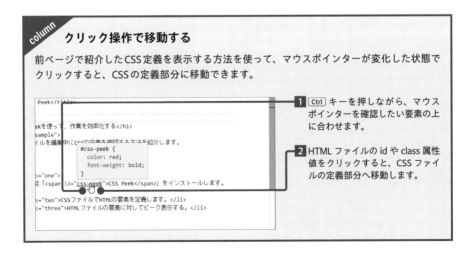

1 Ctrl キーを押しながら、マウスポインターを確認したい要素の上に合わせます。

2 HTMLファイルのidやclass属性値をクリックすると、CSSファイルの定義部分へ移動します。

HTMLファイル編集中に
画像を確認する

HTMLに画像を挿入しても、コード上ではファイルパスしか見えないため、どんな画像か確認するにはWebブラウザで表示する必要があります。拡張機能「Image preview」を使うと、パスで指定した画像をHTMLファイル上で確認できるようになります。

拡張機能「Image preview」をインストールする

通常、HTMLに挿入した画像は「Live Preview（P.232参照）」などを使って確認しますが、「Image preview」を使うとHTMLファイルの編集中に、パスで指定した画像ファイルを確認できます。

1 拡張機能ビューで「Image preview」を検索してインストールします。

拡張機能「Image preview」で画像ファイルを確認する

サムネイルで画像を表示する

「Image preview」をインストールした状態で、imgタグに画像のファイルパスを設定すると、行番号の左側に小さくサムネイルが表示されます。

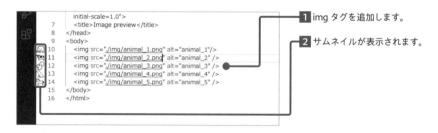

1 imgタグを追加します。

2 サムネイルが表示されます。

プレビュー表示する

画像のファイルパスにマウスポインターを合わせると、プレビュー表示ができます。画像のサイズとファイルの大きさもあわせて表示されます。

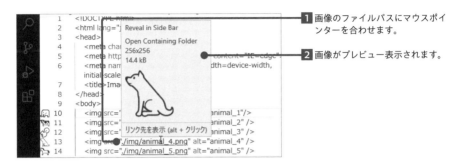

1 画像のファイルパスにマウスポインターを合わせます。

2 画像がプレビュー表示されます。

画像ファイルの場所を確認する

サイドバーで画像のパスを開く

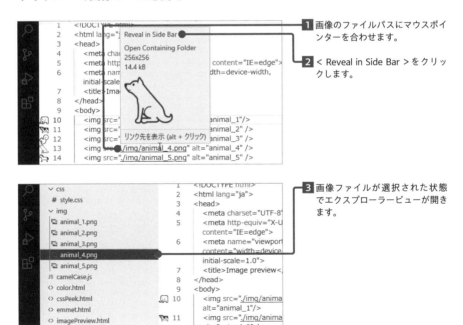

1 画像のファイルパスにマウスポインターを合わせます。

2 < Reveal in Side Bar > をクリックします。

3 画像ファイルが選択された状態でエクスプローラービューが開きます。

画像ファイルが格納されているフォルダーを開く

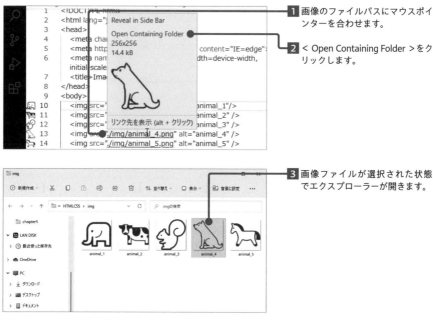

1 画像のファイルパスにマウスポインターを合わせます。

2 ＜ Open Containing Folder ＞をクリックします。

3 画像ファイルが選択された状態でエクスプローラーが開きます。

---

column

プレビュー表示のサイズを変更する

設定項目「Gutterpreview;Image Preview Max Height」から、プレビュー表示のサイズを変更できます。

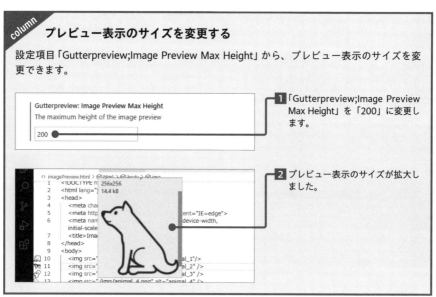

1 「Gutterpreview;Image Preview Max Height」を「200」に変更します。

2 プレビュー表示のサイズが拡大しました。

開始タグと終了タグを同時に修正する

HTMLファイルを編集中にタグを修正するとき、開始タグと終了タグを別々に修正するのは非常に面倒です。拡張機能「Auto Rename Tag」を使って、タグ名の変更を自動化しましょう。

拡張機能「Auto Rename Tag」をインストールする

タグの修正は面倒であるだけではなく、終了タグの修正を忘れることによるエラーが発生することが少なくありません。「Auto Rename Tag」をインストールすると、HTMLファイルでタグを修正するときに、開始タグと終了タグを同時に修正してくれるため、終了タグがないことによるエラーを防ぐことができます。

1 拡張機能ビューで「Auto Rename Tag」を検索してインストールします。

開始タグを修正すると終了タグも自動で書き変わる

それでは、実際にHTMLファイルのタグを修正します。ここではh1タグをh2タグに書き換えます。

1 変更したいタグ(ここではh1タグ)にカーソルを合わせます。

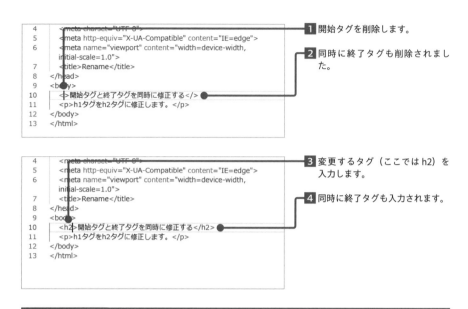

1 開始タグを削除します。

2 同時に終了タグも削除されました。

3 変更するタグ（ここでは h2）を入力します。

4 同時に終了タグも入力されます。

「Auto Rename Tag」を使った修正の取り消し

「Auto Rename Tag」を使って開始タグと終了タグを修正したあとで、元のタグに戻したくなるかもしれません。そんなときは、Ctrl+Z（Macでは command+Z）キーを押すと、開始タグと終了タグが前の状態に戻ります。

1 Ctrl+Z キーを 2 回押します。

2 「h2」を入力する前の状態に戻ります。

3 さらに Ctrl+Z キーを 2 回押します。

4 変更前の状態に戻りました。

class属性とid属性の入力を補完する

HTMLの要素とCSSのスタイルは、主にclass属性で関連づけられるため、class名が間違っていると要素にスタイルが適用されません。拡張機能「HTML CSS Support」を使って、class属性を入力補完しましょう。

拡張機能「HTML CSS Support」をインストールする

CSSではclass属性をセレクタに使うことが多いため、HTML側でclass属性の名前が間違えて、スタイルが適用されないトラブルがよく起きます。「HTML CSS Support」でclass属性やid属性を入力補完することで、HTMLとCSSでの属性名を合わせられます。

1 拡張機能ビューで「HTML CSS Support」を検索してインストールします。

HTMLファイル上でCSS属性を入力補完する

「HTML CSS Support」は、HTMLファイルが読み込んでいるCSSファイルのセレクタを入力補完の候補として表示します。先にCSSファイルを用意しておきます。

```
3    .text-apple{
4        color: ■red;
5    }
6
7    .text-banana{
8        color: □yellow;
9    }
10
11   .text-grape{
12       color: ■blueviolet;
13   }
14
15   #date{
16       background-color: □aquamarine;
17   }
18
19   #date-time{
20       background-color: □chartreuse;
21   }
```

1 CSSファイルを用意します。

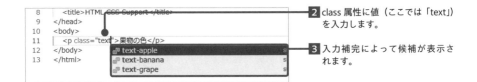

2 class 属性に値（ここでは「text」）を入力します。

3 入力補完によって候補が表示されます。

CSSのセレクタにid属性を使うことは多くありませんが、class属性と同じように補完できます。

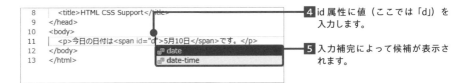

4 id 属性に値（ここでは「d」）を入力します。

5 入力補完によって候補が表示されます。

---

^{column} **属性名の付けかた**

CSSで使う属性はわかりやすく、再利用しやすい名前を決めることが大切です。プロジェクトの規模が大きくなるほど、多くの属性を使用することになります。実際にスタイルを適用する際に、何をするための属性かわからなくならないように気をつけましょう。

複合語やフレーズを表記する場合の命名規則

命名規則名	説明	例
キャメルケース	2つ目以降の単語の頭文字を大文字にします	camelCase
スネークケース	単語同士をアンダースコアでつなぎます	snake_case
ケバブケース	単語同士をハイフンでつなぎます	kebab-case

どの命名規則を使ってもスタイルを適用できますが、CSSではスネークケースかケバブケースが使われることが多いです。また、複数の命名規則を混ぜずに統一することで、コードが見やすくなります。

対応するHTMLタグ同士を
強調表示する

HTMLタグが増えてくると、開始タグと終了タグの対応関係がわからなくなってしまうことがあります。拡張機能「Highlight Matching Tag」で対応するタグ同士を強調することで、対応関係を把握しやすくなります。

拡張機能「Highlight Matching Tag」をインストールする

VS Codeには、タグ名にカーソルがあるときにグレーでハイライト表示する機能が備わっています。しかし、タグ名からカーソルが外れると、ハイライトが消えてしまいます。

```
10    <div class="main-part">
11        <h1>メッセージ</h1>
12        <div class="paragraph">
13            <p class="messages">対応するタグ同士をハイライト表示する
              「Highlight Matching Tag」を紹介します。</p>
14        </div>
15    </div>
```

「Highlight Matching Tag」を使うと、タグ名またはタグに囲まれている部分にカーソルをあわせたとき、対応関係にあるタグ同士が下線で強調されます。

1 拡張機能ビューで「Highlight Maching Tag」を検索してインストールします。

HTMLタグを強調して対応関係を把握する

1 タグにフォーカスします。

2 div タグの下に下線が表示されます。

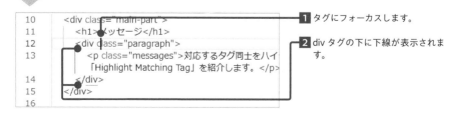

settings.jsonファイルで強調の設定を変更する

既定では下線が黄色いため、ライト系のテーマだと見づらくなります。そこで、settings.jsonファイルで強調の設定を変更してみましょう。ここでは下線を赤色に変更します。

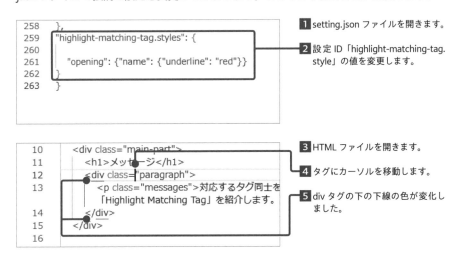

1 setting.jsonファイルを開きます。

2 設定ID「highlight-matching-tag.style」の値を変更します。

3 HTMLファイルを開きます。

4 タグにカーソルを移動します。

5 divタグの下の下線の色が変化しました。

---

column スクロールバーにタグの対応関係が表示される

HTMLファイル上のタグだけではなく、スクロールバーからタグの対応関係を確認できます。通常は灰色で表示され、「Highlight Matching Tag」をインストールしているときは「highlight-matching-tag.style」に設定している色が表示されます。
タグが増えて複雑になったときは、こちらから確認してみましょう。

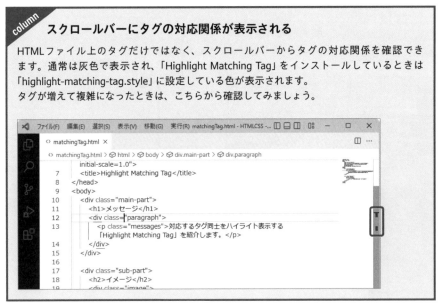

対応するブラケット記号に
ガイド線を表示する

CSSやJavaScriptのコードは、「()」や「{}」などのブラケット記号で階層化されています。階層構造が複雑になると、どれが対応しているのかわかりづらくなってしまいます。ブラケット記号の対応関係を表すガイド線を表示しましょう。

ガイド線を表示する

一般的に角かっこ（[]）をブラケットと呼びますが、VS Codeでは「()」や「{}」を含めてブラケット記号として認識されます。ブラケット記号の強調は、VS Codeの標準で設定できます。
設定項目「Guide:Bracket Pairs」は、既定では「false」になっているため、「true」または「active」に変更することで、ガイド線を表示します。

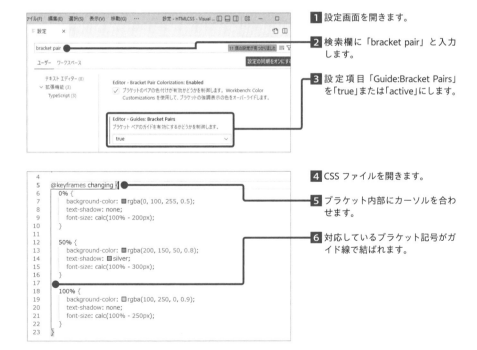

1 設定画面を開きます。

2 検索欄に「bracket pair」と入力します。

3 設定項目「Guide:Bracket Pairs」を「true」または「active」にします。

4 CSSファイルを開きます。

5 ブラケット内部にカーソルを合わせます。

6 対応しているブラケット記号がガイド線で結ばれます。

5

HTML／CSS編集の技

213

拡張機能が標準機能に組み込まれることがある

VS Codeは、日々アップデートされています。そのため、かつては拡張機能を必要としたものが、標準機能に搭載されることがあります。

たとえば、対応するブラケット記号をガイド線で結ぶ「Bracket Pair Colorizer2」という拡張機能があります。しかし、現在ではVS Codeにこの機能が標準搭載されたため、拡張機能をマーケットプレイスで検索すると、拡張機能名に訂正線が入った状態で表示されます。

P.68で説明したように、拡張機能が多いほどVS Codeの動作が遅くなってしまいます。標準に同じ機能がある場合は、不要な拡張機能をアンインストールしましょう。

フォーマッタでコードを整える

HTMLなどのコードは表記のルールが統一されていないと読みづらくなります。拡張機能「Prettier」を使って改行位置やスペース、大文字／小文字などを自動整形すると、統一感があって読みやすいコードになります。

拡張機能「Prettier」をインストールする

複数人でプロジェクトを進める場合はコードスタイルをそろえることが重要です。「Prettier」はコードスタイルを自動的に統一するフォーマッタです。この拡張機能を使ってスタイルをそろえることで、同じCSSファイルを共有したり、他の人がファイルを修正したりしやすくなります。

1 拡張機能ビューで「Prettier」を検索してインストールします。

フォーマッタでコードを自動整形する

「Prettier」をフォーマッタに設定する

「Prettier」はインストールしただけでは使えません。設定画面から自動整形するフォーマッタを定義する「Editor;Default Formatter」を「Prettier」に変更する必要があります。

1 設定画面を開きます。

2 検索欄に「default formatter」と入力します。

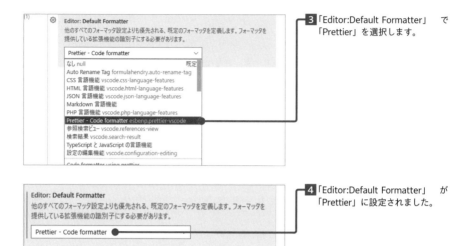

3 「Editor:Default Formatter」 で「Prettier」を選択します。

4 「Editor:Default Formatter」 が「Prettier」に設定されました。

HTMLファイルを自動整形する

今回説明する方法以外に、保存時に自動整形する設定（P.215参照）もあります。

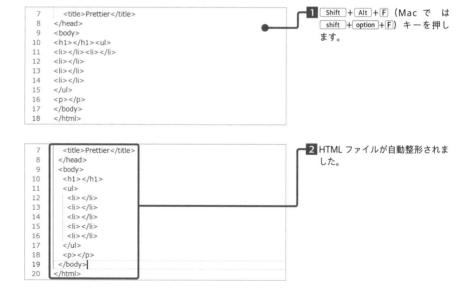

1 Shift + Alt + F （Mac で は shift + option + F）キーを押します。

2 HTML ファイルが自動整形されました。

フォーマッタの設定を変更する

「Prettier」には、行を自動で折り返す文字数やタブサイズ、改行する文字コードの
指定など、さまざまな設定項目があります。自分の環境に合わせた設定に変更し、
見やすいフォーマットを目指しましょう。

「Prettier」の設定を変更する

コーディングにおいて、階層構造を把握することは重要です。「Prettier」の設定項目を
変更して、コードが見やすくなるように設定を変更しましょう。

1 設定画面を開きます。

2 検索欄に「prettier」と入力します。

タブサイズの設定を変更する

既定では、タブサイズが「2」になっています。階層構造を把握しづらい場合、タブサイ
ズを変更しましょう。

1 設定画面から「Prettier:Tab Width」
を探します。

217

2 設定値を「4」に変更します。

```
<> prettier.html > @ html > @ body > @ ul
  1    <!DOCTYPE html>
  2  ∨ <html lang="ja">
  3  ∨   <head>
  4        <meta charset="UTF-8" />
  5        <meta http-equiv="X-UA-Compatible" content="IE=edge" />
  6        <meta name="viewport" content="width=device-width,
           initial-scale=1.0" />
  7        <title>Prettier</title>
  8      </head>
  9  ∨   <body>
 10        <h1></h1>
 11  ∨     <ul>
 12          <li></li>
 13          <li></li>
 14          <li></li>
 15          <li></li>
 16          <li></li>
 17        </ul>
 18        <p></p>
 19      </body>
 20    </html>
 21
```

3 HTML ファイルを開きます。

4 Shift + Alt + F キーを押します。

```
<> prettier.html > @ html > @ body > @ ul
  1    <!DOCTYPE html>
  2    <html lang="ja">
  3        <head>
  4            <meta charset="UTF-8" />
  5            <meta http-equiv="X-UA-Compatible" content="IE=edge" />
  6            <meta name="viewport" content="width=device-width, initial-scale=1.
               0" />
  7            <title>Prettier</title>
  8        </head>
  9        <body>
 10            <h1 class="double-to-single"></h1>
 11            <ul>
 12                <li id="prettier-sample"></li>
 13                <li></li>
 14                <li></li>
 15                <li></li>
 16                <li></li>
 17            </ul>
 18            <p></p>
 19        </body>
 20    </html>
 21
```

5 タブサイズが「4」で自動整形されました。

218

文末にセミコロンを自動挿入する

CSSの値の後ろには「;」が必要です。入力候補からプロパティを選択した場合、セミコロンは自動で入力されますが、もしセミコロンを誤って消してしまうと、スタイルが適用されません。

「Prettier」では、既定で文末にセミコロンを付ける設定が有効なので、自動整形するときに一括で文末にセミコロンを挿入してくれます。

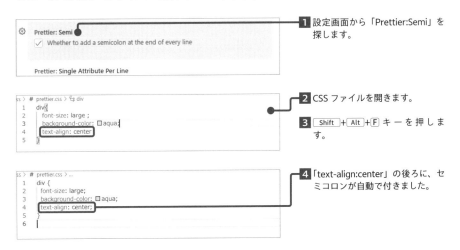

1 設定画面から「Prettier:Semi」を探します。

2 CSSファイルを開きます。

3 Shift + Alt + F キーを押します。

4 「text-align:center」の後ろに、セミコロンが自動で付きました。

ダブルクォートではなくシングルクォートを使用する

HTMLの属性値やCSSのフォントの値などで、「"」と「'」のどちらを使っても文法上は問題なく動作します。慣例としてHTMLではダブルクォートが使われます。CSSは決まりはなく、JavaScriptはシングル派とダブル派が両方います。

「Prettier」の既定では、自動的にダブルクォートに統一されます。シングルクォートで統一したい場合は、「Prettier:Single Quote」を変更しましょう。

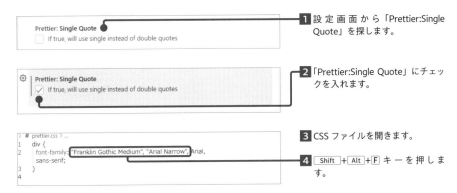

1 設定画面から「Prettier:Single Quote」を探します。

2 「Prettier:Single Quote」にチェックを入れます。

3 CSSファイルを開きます。

4 Shift + Alt + F キーを押します。

⑤ 「font-family」のダブルクォートがシングルクォートに変わりました。

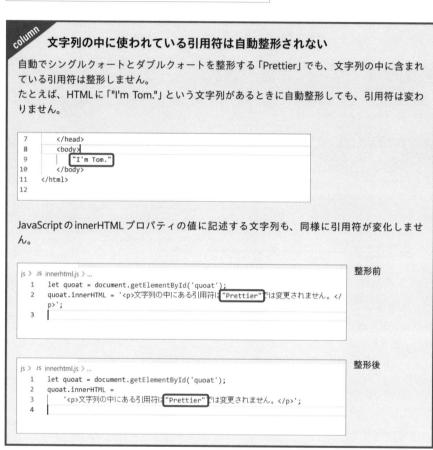

column 文字列の中に使われている引用符は自動整形されない

自動でシングルクォートとダブルクォートを整形する「Prettier」でも、文字列の中に含まれている引用符は整形しません。

たとえば、HTMLに「"I'm Tom."」という文字列があるときに自動整形しても、引用符は変わりません。

```
7        </head>
8        <body>
9          "I'm Tom."
10       </body>
11   </html>
12
```

JavaScriptのinnerHTMLプロパティの値に記述する文字列も、同様に引用符が変化しません。

整形前

```
js > JS innerhtml.js > ...
  1    let quoat = document.getElementById('quoat');
  2    quoat.innerHTML = '<p>文字列の中にある引用符は "Prettier" では変更されません。</p>';
  3
```

整形後

```
js > JS innerhtml.js > ...
  1    let quoat = document.getElementById('quoat');
  2    quoat.innerHTML =
  3      '<p>文字列の中にある引用符は "Prettier" では変更されません。</p>';
  4
```

特定のファイルを
フォーマット対象外にする

「Prettier」を使っていると、予期しないファイルまで自動で整形されることがあります。設定ファイルを作ることで、特定のフォルダーやファイルを自動整形の対象から除外できます。

「.prettierignore」ファイルを作成する

特定のフォルダーやファイルを自動整形したくないときは、ワークスペースまたはフォルダーの直下に「.prettierignore」ファイルを作成します。このファイルの中にフォルダーやファイル名、ファイル形式を指定し、フォーマット対象外に設定します。

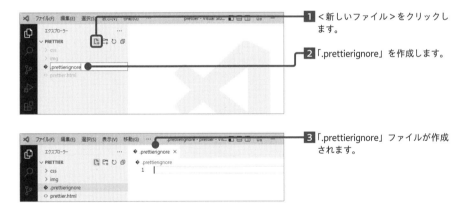

1 ＜新しいファイル＞をクリックします。

2 「.prettierignore」を作成します。

3 「.prettierignore」ファイルが作成されます。

「.prettierignore」ファイルを設定する

.prettierignoreファイルに指定を追加していきましょう。「*.css」と入力すると、すべてのCSSファイルが対象になります。

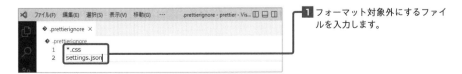

1 フォーマット対象外にするファイルを入力します。

2 整形前の CSS ファイルを開きます。

3 Shift + Alt + F キーを押しても、自動整形されません。

4 「.prettierignore」ファイルを開きます。

5 「*.css」を消去します。

6 整形前の CSS ファイルを開きます。

7 Shift + Alt + F キーを押すと自動整形されます。

---

^{column} **ファイル形式ごとにフォーマッタを使い分ける**

言語ごとにフォーマッタを切り替えたい場合は、settings.json に以下の記述を追加します。

```
"[言語名]":{
  "editor.defaultFormatter":"使いたいフォーマッタ",
}
```

たとえば、CSS に「vscode.css-language-features」というフォーマッタを適用したい場合、下の画像のように記述します。

```
17    "[css]": {
18      "editor.defaultFormatter": "vscode.css-language-features"
19    },
20  }
```

settings.json にこのような記述を追加すると、任意の言語に対して「Editor:Default Formatter」に設定したフォーマッタ以外のフォーマッタを適用できます。

保存時に自動でフォーマットを行う

整形を行うたびに Shift + Alt + F キーを押すのは面倒です。ファイルを保存する
タイミングで、同時にフォーマットを行う設定項目があります。フォーマットを自
動化し、作業効率を上げましょう。

保存と同時にフォーマットを行う設定

設定項目「Editor:Format On Save」を有効にすると、ファイルを保存したときに自動で
整形されます。この設定をすることで、Shift + Alt + F キーを押す手間がなくなります。

1 設定画面を開きます。

2 検索欄に「format on save」と入
力します。

3 設定項目「Editor:Format On Save」
にチェックを入れます。

4 ファイル（ここでは CSS ファイル）
を開きます。

5 コードを入力します。

6 ファイルを保存します。

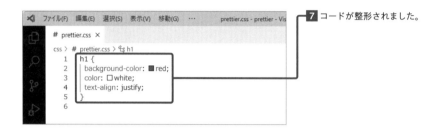

7 コードが整形されました。

---

column **ファイル形式ごとにフォーマットを設定する**

「Prettier」では、「.prettierrc」というJSONファイルに記述することで、ファイル形式ごとに異なるフォーマットを設定できます。
たとえば、下記のファイルでは「通常のファイルはタブサイズが「2」、CSSファイルのときはタブサイズを「4」」に設定しています。

```
} .prettierrc > ...
 1   {
 2     "tabWidth": 2,
 3     "overrides": [
 4       {
 5         "files": "*.css",
 6         "options": {
 7           "tabWidth": 4
 8         }
 9       }
10     ]
11   }
```

CSSファイルを開いて自動整形をすると、通常の設定と異なるタブサイズ「4」でフォーマットされることが確認できます。

```
ss > # prettier.css > ...
 1   h1 {
 2       background-color: ■red;
 3       color: □white;
 4       text-align: justify;
 5   }
 6   |
```

「.prettierrc」の書き方については、以下のURLを参照してください。

Configuration File
https://prettier.io/docs/en/configuration.html

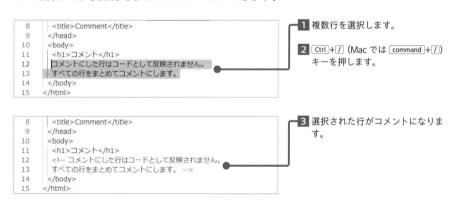

section
019

複数行をまとめてコメントにする

コメントを使うと、ソースコードの中にメモを残すことができます。しかし、コメント化の記述を書くのは手間がかかります。ショートカットキーを使うと、言語に合わせた形式でコメントアウトできます。

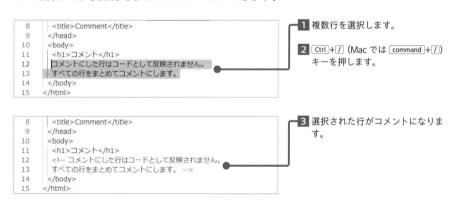

複数行をコメントにする

ソースコードの一部をコメントにする（コメントアウトする）ことで、その部分はプログラムで処理されなくなります。コメントの形式はHTMLやCSSなどの言語によって異なります。VS Codeでは、ショートカットキーでコメントアウトすると、言語に合わせて適切にコメントアウトしてくれます。Ctrl+/キーを押すと、カーソルが選択している行がコメントに変わります。複数行を選択した状態で、コメントアウトのショートカットキーを押すと、複数行をまとめてコメントにできます。

```
8      <title>Comment</title>
9    </head>
10   <body>
11     <h1>コメント</h1>
12   コメントにした行はコードとして反映されません。
13   すべての行をまとめてコメントにします。
14   </body>
15   </html>
```

1 複数行を選択します。

2 Ctrl+/ （Mac では command+/）
キーを押します。

```
8      <title>Comment</title>
9    </head>
10   <body>
11     <h1>コメント</h1>
12   <!-- コメントにした行はコードとして反映されません。
13   すべての行をまとめてコメントにします。 -->
14   </body>
15   </html>
```

3 選択された行がコメントになります。

コメントになった行は、Web ブラウザ上に表示されなくなります。

コメント

コメントにした行はコードとして反映されません。 すべての行をまとめてコメントにします。

コメントアウト前

コメント

コメントアウト後

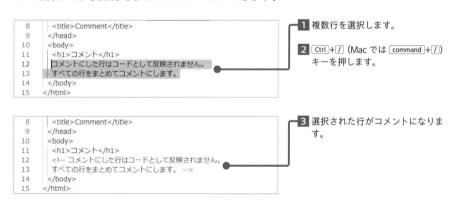

5

HTML／CSS編集の技

column

HTMLファイルでコメントを書くときの注意点

HTMLファイルでは、コメントされた部分はWebブラウザ上に表示されないだけで、ソースコードには残ってしまいます。
Webブラウザ上で右クリック→＜ページのソース表示＞をクリックすると、そのページのHTMLコードを確認できます。

＜ページのソース表示＞で表示されたソースコードには、コメントが表示されます。そのため、個人情報やセキュリティに関わる情報を記述しない、または公開前に削除するように気をつけましょう。

section
020

再利用したいコードを
スニペットに登録する

Intellisenseでコードを選択すると、コードのひな型であるスニペットが挿入されます。あらかじめ定義されたスニペット以外に、よく使うコードをスニペットに登録することで、作業効率を上げましょう。

スニペットとは

スニペットとは、「断片」や「切れ端」を意味します。プログラミングの分野ではコードスニペットとも呼ばれ、再利用可能な短いコードのまとまりを指します。たとえば、プログラム言語ではif文やfor文などの構文がスニペットに登録されています。たとえばJavaScriptファイルでIntellisenseから「for」を選択すると、for文のスニペットが入力されます。

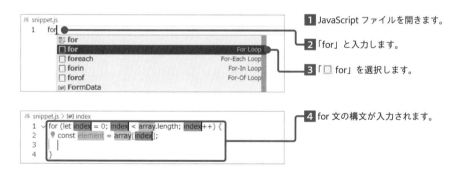

1 JavaScriptファイルを開きます。

2 「for」と入力します。

3 「□ for」を選択します。

4 for文の構文が入力されます。

HTMLのスニペットを登録する

VS Codeでは、言語ごとに設定ファイルを作成することで、オリジナルのスニペットを登録できます。HTMLやCSSで何度も使うコードをスニペットに登録することで、作業効率が大幅に上昇します。オリジナルのスニペットの設定ファイルを作成するには、メニューバーの＜ファイル＞→＜ユーザー設定＞→＜ユーザースニペットの構成＞の順に選択し、追加したい言語を候補の中から選択します。
ここでは、HTMLのスニペット設定ファイルを作成する手順を説明します。

HTML／CSS編集の技

1 <ファイル>→<ユーザー設定>
→<ユーザースニペットの構成>
を選択します。

2 候補の中から「html(HTML)」を
選択します。

3 「html.json」ファイルが作成され
ます。

html.jsonの作成される場所

スニペットの設定ファイルは、「C:\Users\ユーザー名\AppData\Roaming\Code\User\snippets」フォルダー内に作成されます。

本節で紹介した手順ではなく、snippetsフォルダー内に直接「html.json」や「css.json」ファイルを作成することで、スニペットを設定することも可能です。

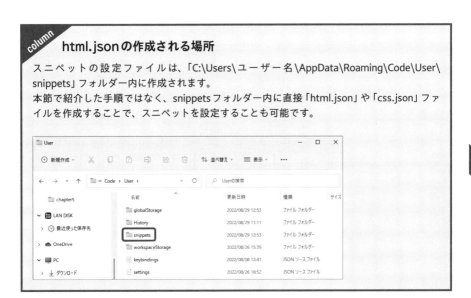

html.jsonを編集する

html.jsonファイルには、コメントでスニペットの設定方法が記述されています。コメントは削除してしまって問題ありません。

スニペットは「{}」内に記述します。JSONファイルのprefixに登録したトリガーを入力すると、スニペット名がコード補完に表示されます。スニペット名を選択すると、bodyに設定したコードが入力されます。コードを複数行にわたって設定する場合、「[]」内にカンマ区切りで記述します。任意入力のdescriptionにスニペットの説明を入力すると、コード補完に説明が表示されます。

```
{
  "スニペット名": {
    "prefix":"トリガーとなる文字列"
    "body":[
      "スニペットで入力されるコード1行目",
      "スニペットで入力されるコード2行目"
    ],
    "description":"スニペットの説明"
  }
}
```

ここでは、「Sample」という名前のスニペットを作成します。

bodyの中にある「$+数字」は、プレースホルダーと呼ばれ、スニペットの挿入後に書き換える部分を表します。スニペット内の書き換えたい場所にプレースホルダーを記述すると、スニペットが入力したときにプレースホルダーにカーソルが移動します。プレースホルダーが複数あるときは [Tab] キーを押すと、次のプレースホルダーへカーソルが移動します。

1 スニペットの定義を入力して保存します。

HTMLファイルでスニペットを使う

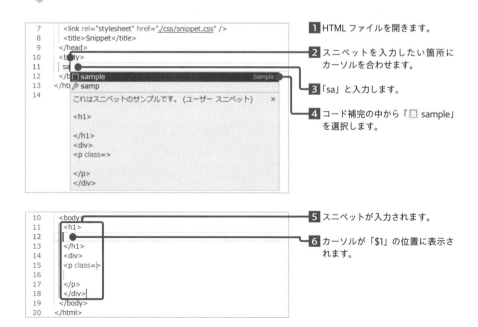

1 HTMLファイルを開きます。

2 スニペットを入力したい箇所にカーソルを合わせます。

3 「sa」と入力します。

4 コード補完の中から「□ sample」を選択します。

5 スニペットが入力されます。

6 カーソルが「$1」の位置に表示されます。

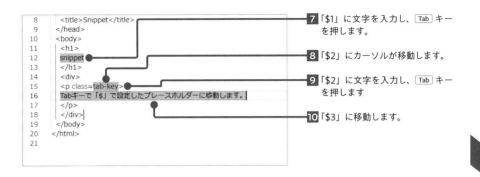

```
 8      <title>Snippet</title>
 9    </head>
10    <body>
11      <h1>
12   snippet
13      </h1>
14      <div>
15   <p class=tab-key>
16   Tabキーで「$」で設定したプレースホルダーに移動します。
17      </p>
18      </div>
19    </body>
20  </html>
21
```

7 「$1」に文字を入力し、Tab キーを押します。

8 「$2」にカーソルが移動します。

9 「$2」に文字を入力し、Tab キーを押します

10 「$3」に移動します。

---

^{column} ### 複数のスニペットを定義する

スニペットを追加や変更したい場合は、既存の設定ファイルを開きます。手順は設定ファイルの作成と同じです。メニューバーの＜ファイル＞→＜ユーザー設定＞→＜ユーザースニペットの構成＞の順に選択し、選択候補の中から「既存のスニペット」を選んで設定ファイルを開いて、設定ファイルを編集します。

```
{
  "スニペット1": {
    "prefix":"トリガーとなる文字列"
    "body":[
      "スニペットで入力されるコード"
    ],
    "description":"スニペットの説明"
  },
  "スニペット2": {
    "prefix":"トリガーとなる文字列"
    "body":[
      "スニペットで入力されるコード1行目",
      "スニペットで入力されるコード2行目"
    ],
    "description":"スニペットの説明"
  },
}
```

VS Code上で
Webページをプレビューする

編集中のHTMLファイルをWebページで確認するとき、ファイルを編集するたびにWeb
ブラウザでWebページを更新するのは手間がかかります。拡張機能の「Live Preview」
を使うとファイルを保存することなく、Webページのプレビュー内容を更新できます。

拡張機能「Live Preview」をインストールする

拡張機能の「Live　Preview」を使うと、ローカル環境にサーバーが起動し、プレビュー
表示できます。このプレビューは、作業ファイルを保存することなく更新できます。なお、
「Live Preview」は、本書執筆時点（2023年2月）では開発途中のものです。

1 拡張機能ビューで「Live Preview」
を探してインストールします。

HTMLファイルを「Live Preview」でプレビュー表示する

「Live Preview」でプレビュー表示する方法には、エディター内とWebブラウザ、その両
方という3つの種類があります。プレビュー表示すると、「Live Preview」のローカルサー
バーが起動します。
ここではVS Codeのエディター内に、ファイルと並べて表示する方法を紹介します。

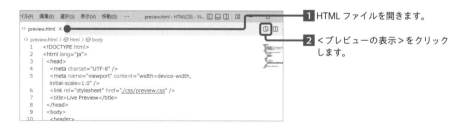

1 HTMLファイルを開きます。

2 ＜プレビューの表示＞をクリック
します。

 **3** プレビューが表示されます。

column 外部のWebブラウザにプレビュー表示する

プレビュー表示の場所を変えるには、設定項目「Live Preview:Open Preview Target」を変更します。既定では「Embedded Preview」になっていて、先に説明したとおりエディター内に表示します。

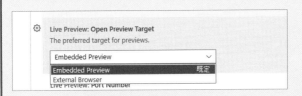

「External Browser」に設定を変更して＜プレビューの表示＞をクリックすると、Webブラウザでプレビューが表示されます。VS Codeではターミナルパネルが開いてサーバーが起動したことを確認できます。

コマンドパレットでプレビュー表示する

「Live Previwe:Show Preview(Internal Browser)」コマンドか「Live Previwe:Show Preview(External Browser)」コマンドを実行すると、設定に関係なく、プレビュー表示できます。

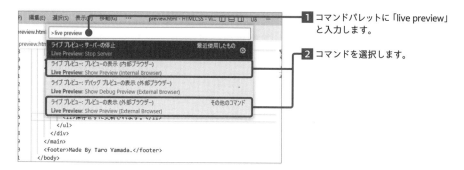

1 コマンドパレットに「live preview」と入力します。

2 コマンドを選択します。

コマンドを使うと、エディター内とWebブラウザの両方にプレビューを表示できます。

上書き保存せずにプレビューが更新される

「Live Preview」で表示したプレビューは、作業しているファイルを上書き保存しなくても、編集している内容をリアルタイムで更新してくれます。編集結果の確認にファイルの保存やWebブラウザの更新をする手間を省くことができます。

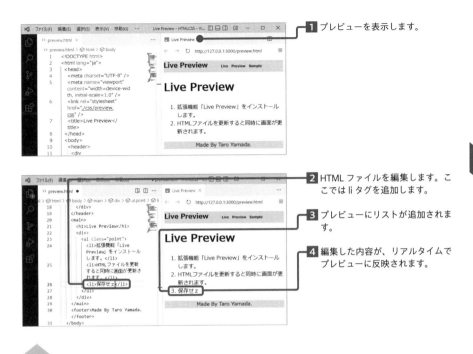

■1 プレビューを表示します。

■2 HTMLファイルを編集します。ここではli タグを追加します。

■3 プレビューにリストが追加されます。

■4 編集した内容が、リアルタイムでプレビューに反映されます。

保存時のみ更新する

既定では、HTMLを編集するだけでリアルタイムにプレビューが更新されますが、保存時だけ更新する設定に変えることができます。設定項目「Live Preview:Auto Refresh Preview」で、「On Changes to Saved Files」を選択します。

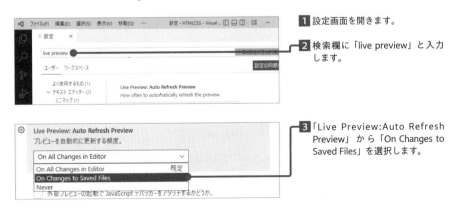

■1 設定画面を開きます。

■2 検索欄に「live preview」と入力します。

■3 「Live Preview:Auto Refresh Preview」から「On Changes to Saved Files」を選択します。

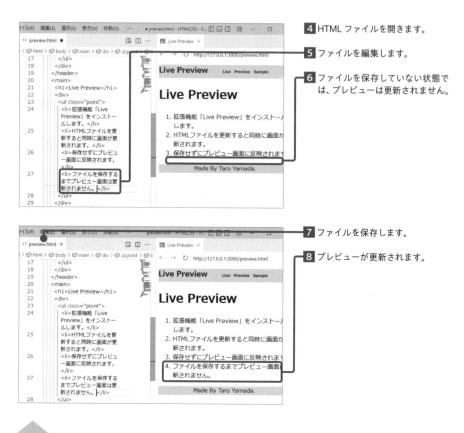

4 HTMLファイルを開きます。

5 ファイルを編集します。

6 ファイルを保存していない状態では、プレビューは更新されません。

7 ファイルを保存します。

8 プレビューが更新されます。

「Live Preview」を停止する

プレビューを閉じるだけではサーバーは停止しません。サーバーが動いていると、その分パソコンのリソースが割かれます。編集作業が終わったら、以下の手順でサーバーを停止しましょう。

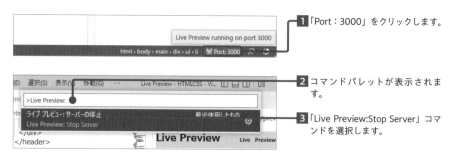

1 「Port：3000」をクリックします。

2 コマンドパレットが表示されます。

3 「Live Preview:Stop Server」コマンドを選択します。

column 「Live Preview」と「Live Server」との違い

「Live Preview」と似た機能をもつ「Live Server」という拡張機能があります。

「Live Server」は、ローカル端末に簡易的なサーバーを立ち上げ、HTML／CSSの編集内容を
プレビュー表示する拡張機能です。「Live Server」では、プレビュー表示に外部Webブラウ
ザしか使えず、ファイルを保存しないと更新されません。
「Live Preview」は本書執筆時点で開発途上なので、不具合が出るときは「Live Server」を使
いましょう。

PDFを表示する

VS CodeでのHTML／CSSファイルの編集中にPDFを確認したいときもあります。
その際に毎回Acrobatを起動するのは手間です。拡張機能「vscode-pdf」を使うと、
VS Code上でPDFを開くことができます。

拡張機能「vscode-pdf」をインストールする

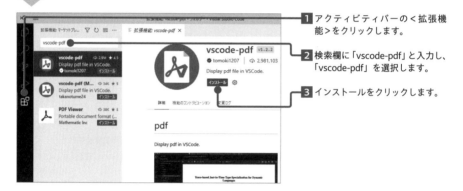

1 アクティビティバーの＜拡張機能＞をクリックします。

2 検索欄に「vscode-pdf」と入力し、「vscode-pdf」を選択します。

3 インストールをクリックします。

PDFファイルをエディター上で開く

1 ファイル名をクリックすると、

2 VS Codeのエディター領域でPDFファイルが表示されます。

Chapter 6

Git／GitHubを使った
バージョン管理の技

そもそもなぜGit／GitHubを使うの？

非エンジニアであっても、GitやGitHubの名前を聞く機会が増えています。そして、ちょっと使ったけどよくわからなかったという人も少なくないでしょう。ここでは、Git／GitHubの概要とメリット／デメリットについて解説します。

Gitと一般的なファイル共有サービスの違い

Git（ギット）はバージョン管理ツールというものの一種ですが、多くの人は**GitHub（ギットハブ）** などのWebサービスを組み合わせて、共同作業者とファイルを共有する目的で使うことが多いはずです。ファイル共有サービス（クラウドストレージ）といえば、Dropbox、Google Drive、OneDrive、Boxなどが有名です。では、それらとGit&GitHubが同じかというと、そうはいえません。

Gitは元々Linuxという OS のソースコード管理のために作られたツールです。1つのプログラムを複数人で開発するにあたって、「誰がいつどこを変更したか」がわからないと、バグが発生しやすくなり、直すのも大変になります。そのため、変更箇所を記録しながら、責任の所在を明確にするのがGitの大きな特徴です。その他に下表のような特徴があります。

ファイル共有サービスと比較したGitの特徴

	ファイル共有サービス	Git&GitHub
ファイルのやりとり	フォルダーに保存すると、インターネット上のストレージと自動的に同期される	プッシュ／プルというユーザーの操作によって共有する
変更履歴の管理	誤って上書きしたファイルを丸ごと過去の状態に戻す機能がある	変更内容に名前を付けて記録（コミット）するので、作業の流れが明確。テキストファイルなら、誰がいつどこを変更したかを行ごとに管理できる
変更が食い違った場合	そのまま上書きするか、（1）（2）などの連番が付いた別ファイルを作る	自動的に両者を活かそうとし、無理なら「コンフリクトの発生」をユーザーに伝える
巨大なファイルの扱い	比較的大きなファイルも扱える	標準では100MB程度が上限。それ以上大きなファイルを扱うには特別な設定が必要
バイナリファイルの扱い	テキストファイルと特に区別しない	テキストファイルは内容の変更を細かく管理できるが、バイナリファイルの内容は管理できない
複数人の作業を支援する機能	サービスによって異なり、特に決まったものはない	ブランチやマージ、プルリクエストなどさまざまな機能がある

非エンジニアがGitを使うメリット

元々エンジニア向けに作られたGitを、非エンジニアが使うメリットは何なのでしょうか？ 先に述べた「変更の責任者を明確にする」という点も大きな長所ですが、もう1つ**ファイルを自動的に同期しない**点も重要でしょう。勝手に同期しないというと不便そうですが、自動同期によって誤って上書きしたり、ファイル名が変わってしまったりすることがなくなります。この仕様はWeb制作のように、使用するファイル数（HTMLやCSS、画像などの各種ファイル）が多い作業で役立ちます。

また、複数人がファイルの同じ場所を別の形に書き換えてしまった場合、Gitは**変更箇所が衝突（コンフリクト）していることを警告してくれます**。コンフリクトを解決しない限り、Gitを使った作業を進めることはできません。

プッシュ／プルという操作をしないと同期されない　　　　コンフリクトが発生したら解消しないと先に進めない

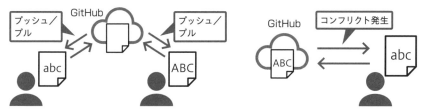

このように非エンジニアにとってもメリットがあるGitですが、残念ながらはじめてGitを使うユーザーから、「なぜかファイルが消えてしまった」「コンフリクトが解決できなくて、作業を進められない」といった声を聞くことが少なくありません。

トラブルの原因の多くは、Dropboxなどのファイル共有サービスと大して変わらないと思って使った結果、「**Gitではやってはいけない操作**」をしていることです。たとえば、Dropboxなどで共同作業する場合、作業中の同期を避けるために、いったん作業用のフォルダーにファイルをコピーしてから書き換え、完了後に共有フォルダーに戻すことがあります。これはGitではやってはいけません。

Gitは「何となく」では使えません。ですので、Gitを使う必要があるときは、1回は入門書や解説動画などに目を通すことをおすすめします。

リポジトリとGitHub

Gitでは、ファイルを保管する場所のことを**リポジトリ（貯蔵庫）**といいます。リポジトリといっても特別なものではなく、Gitの管理情報が書き込まれたただのフォルダーです。パソコンのストレージ内に作るリポジトリを**ローカルリポジトリ**、共有目的でGitサーバー側に作るリポジトリを**リモートリポジトリ**といいます。共同作業をするときは、作業

者それぞれが、リモートからファイルをローカルに取り込む「プル」を行い、ローカル側のファイルをリモートに「プッシュ」します。

GitHub 内のリモートリポジトリ

GitHub 内のリモートリポジトリ

プル

プッシュ

ローカルリポジトリ

ローカルリポジトリ

インターネット上にリモートリポジトリを作るサービスが、有名な**GitHub** です。2021年8月の報告によると、GitHub 上には 400万以上のリポジトリがあるとのことです。オープンソースである VS Codeのソースコードも、GitHub 上に存在します。GitHubの無料プランでもリポジトリを無制限に作成できるので、手軽に作ってみましょう。

---

column **ファイルやリポジトリのサイズ制限**

リポジトリの数に制限はありませんが、サイズには制限があります。2022年段階の情報では、次のように制限されています。

・1ファイルのサイズが50MBを超えると警告が出て、100MBを超えるとブロックされる

・1リポジトリのサイズは1GB未満が推奨され、大きくても5GB未満

ファイルサイズの上限を超えるLFS（Large File Storage）という仕組もありますが、それにもファイルサイズやデータ転送量の制限があります。元々ソースコード、つまりテキストファイルを管理するためのものなので、巨大なファイルを保存する使い方は想定外なのです。
ですから、巨大な映像やグラフィックスデータの管理、パソコンのデータのバックアップといった用途は、Gitには向いていません。

主なGitの用語

Gitの使い方の説明に入る前に、知っておかないと困るGitの用語を解説しておきます。

コミット

ファイルに対する変更を、リポジトリに記録すること。記録した情報自体もコミットと呼びます。コミットには名前を付ける必要があり、変更履歴として一覧で見ることができます。

ステージ

コミット対象のファイルを登録すること。ローカルリポジトリの操作は、変更したファイルをステージ→コミットの繰り返しになります。

リバート

コミットによる変更を打ち消すこと。リバートするとリバートコミットが追加されます。

クローン

リモートリポジトリを元にローカルリポジトリを作ること。

フェッチ

リモートリポジトリからプルする前に、最新の履歴を取得すること。

コンフリクト

Gitが自動的に解決不可能な「変更の衝突」のこと。複数人が同じファイルの同じ場所を修正した場合などに発生します。単に新しいファイルを追加した場合や、ファイルの異なる場所を変更した場合はコンフリクトは起きません。

ブランチ

コミット履歴を枝分かれさせて、別ルートで作業する機能。ブランチ上の作業内容に問題があれば、ブランチごと切り捨てることができます。

マージ

複数のブランチを統合すること。また、リモートリポジトリからプルする際にもマージされます。

リベース／スカッシュ

マージの方式には、通常のマージ、リベース、スカッシュの3種類があり、後者2種はコミット履歴をきれいにするために使われます。

プルリクエスト

GitHubの機能で、マージする際に共同作業者にコードレビューを依頼し、承認を得てからマージします。勝手なマージによって、開発が混乱するのを避けることができます。

無視ファイル

コミットしたくないファイルや拡張子などを登録する機能。たとえば、OSが自動的に作成する「Thumbs.db」や「.DS_Store」などを無視ファイル (.gitignore) に書き込んでおけば、不要なファイルをコミットに含まずに済みます。

GitHubのリモートリポジトリを作成する

Gitはパソコン内だけで使うこともできますが、リモートリポジトリを介して共同作業することのほうが多いはずです。ここではGitHubを利用してリモートリポジトリを作成します。クローンが簡単になるので、GitHub Desktopというツールを併用します。

GitHubでリモートリポジトリを作成する

リモートリポジトリの作成はGitHub上で行います（事前にP.277を参照してGitHubのアカウントを作成してください）。リモートリポジトリには、誰でも見ることができるパブリックと、許可した人しか見られないプライベートの2種類があります。オープンソースのプログラムを開発する目的ならパブリック、非公開の社内向け文書などを作る目的ならプライベートを選択します。

1 右上の< + >をクリックして、

2 < New repository >を選択します。

3 < Repository name >を入力し、

4 ここでは< Private >を選択します。

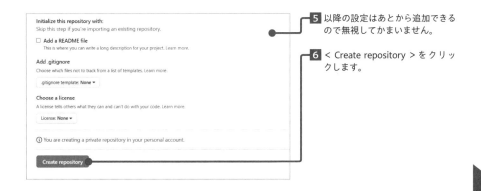

5 以降の設定はあとから追加できるので無視してかまいません。

6 < Create repository > をクリックします。

GitHub Desktopをインストールする

GitHubのリモートリポジトリをクローンするには、公開鍵認証の設定などが必要になりますが、少々複雑です。簡単にするために GitHub Desktop というツールを使いましょう。GitHub Desktop は Git を操作するためのツールです。

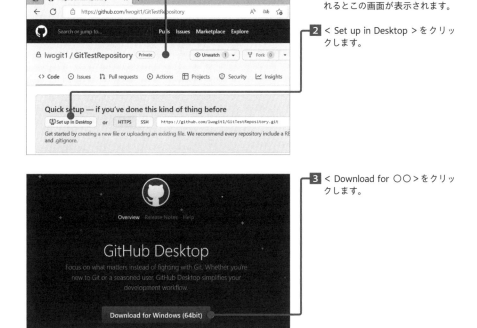

1 空のリモートリポジトリが作成されるとこの画面が表示されます。

2 < Set up in Desktop > をクリックします。

3 < Download for ○○ > をクリックします。

245

4 <開く>をクリックします。

5 GitHub Desktop の画面が表示されたら、< Sign in to GitHub.com > をクリックします。

6 Web ブラウザに切り替わるので、< Authorize desktop > をクリックします。

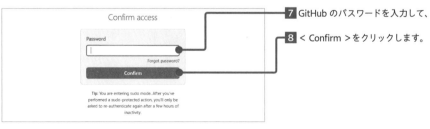

7 GitHub のパスワードを入力して、

8 < Confirm >をクリックします。

9 <開く>をクリックします。

10 < User my GitHub account name and email address > を選択して、

11 < Finish >をクリックします。

GitHubに戻ってクローンする

GitHub Desktopの準備が終わったら、リモートリポジトリのページに戻って、クローンのための操作をしましょう。リモートリポジトリのURLは「https://github.com/ユーザー名/リポジトリ名」となります。なお、プライベートリポジトリにした場合は、作成者本人か許可されたユーザー以外は、リポジトリを見ることはできません。

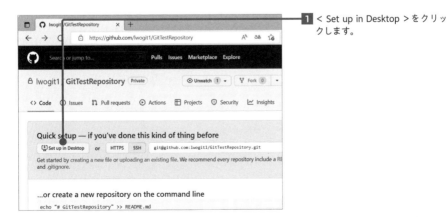

1 < Set up in Desktop >をクリックします。

2 <開く>をクリックします。ここで<リンクを開くことを常に許可する>をオンにすると、次回から確認なしで GitHub Desktop が開くようになります。

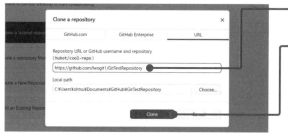

3 ローカルリポジトリの場所を確認して、

4 < Clone >をクリックします。

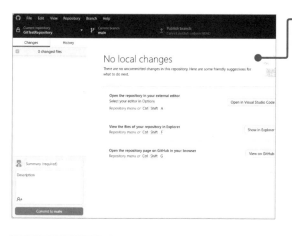

5 リモートリポジトリからのダウンロードが完了すると、この画面になります。

6 「GitHub」フォルダー内にローカルリポジトリのフォルダーができていることを確認できます。

VS Codeでローカルリポジトリを開く

最後にVS Codeでローカルリポジトリを開きましょう。必要な操作は単にフォルダーを開くだけです（事前にP.279を参照してGitをインストールしてください）。ソース管理ビューの表示がGit向けに変化します。

1 <ソース管理>をクリックして、

2 <フォルダーを開く>をクリックします。これまで通りに<ファイル>メニューからフォルダーを開いてもかまいません。

3 ローカルリポジトリのフォルダーを選択して、

4 <フォルダーの選択>をクリックすると、

5 フォルダーが開かれます。

6 ソース管理ビューに切り替えると、表示が変わっています。

ソース管理ビューで
ファイルの変更点を確認する

ローカルリポジトリ内にファイルを作成したり、ファイルを修正したりすると、ソース管理ビューなどに「変更が生じたこと」が表示されます。区切りがいいところでコミットしていきます。

ローカルリポジトリ内にファイルを作成する

ローカルリポジトリへの操作といっても、普通のフォルダー内で行うこととまったく変わりません。ただし、何が変更されたかはローカルリポジトリ内の非表示領域に記録されており、VS Codeのソース管理ビューで確認できます。

1 エクスプローラービューの<新しいファイル>をクリックし、

2 ファイル名を入力して Enter キーを押します。

3 新しいファイルが作成されます。

4 <ソース管理>をクリックすると、

5 <変更>の下に新規作成したファイルの名前が表示されます。

変更をコミットする

変更履歴を記録することを<u>コミット</u>といいます。コミットするには、まず変更をステージし、コミットメッセージを付けて登録します。

1 <変更をステージ>をクリックすると、

2 <ステージされている変更>の下に移ります。

3 コミットメッセージを入力して、

4 <コミット>をクリックします。

5 コミットされていない変更がない状態になりました。

さらにファイルを変更する

1 テキストを書き足して上書き保存すると、

2 <ソース管理>のアイコンにバッジが表示されます。これは「コミットされていない変更」の数を表しています。

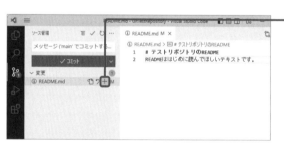

3 <変更をステージ>をクリックし、

4 コミットメッセージを入力して、

5 <コミット>をクリックします。

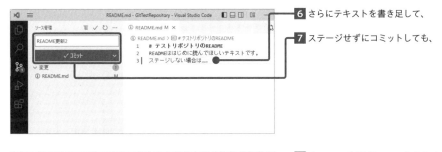

6 さらにテキストを書き足して、

7 ステージせずにコミットしても、

8 すべての変更がコミットされます。

変更をステージせずにコミットした場合は、その時点のすべての変更が自動的にステージされ、コミットされます。つまり、どの変更をコミットに含めるかを選びたいときだけ、手作業でステージすればいいのです。

GitHub Desktopでコミット履歴を確認する

VS Codeだけだと、コミットしたことで何が変わったのかわかりません。ここでGitHub Desktopに切り替えてみてください。< History >タブでコミット履歴を確認することができます。

1 < History >をクリックすると、

2 これまでのコミットの履歴を見ることができます。

GitHubのリモートリポジトリに プッシュする

ローカルリポジトリでの変更をリモートリポジトリにプッシュすることで、パソコン内で行った作業内容を反映できます。これを交互に繰り返して、共同作業を進めていきます。

VS Codeでプッシュする

1 ソース管理ビューの< ... >をクリックして、

2 <プッシュ>を選択します。

3 VS Code から GitHub にはじめてアクセスする際にこの画面が表示されるので、<許可>をクリックします。

4 Web ブラウザでこの画面が表示されるので、< Authorize Visual-Studio-Code >をクリックします。

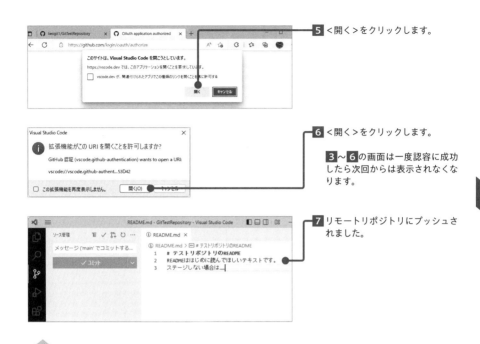

5 <開く>をクリックします。

6 <開く>をクリックします。

3～**6**の画面は一度認容に成功したら次回からは表示されなくなります。

7 リモートリポジトリにプッシュされました。

GitHub上で確認する

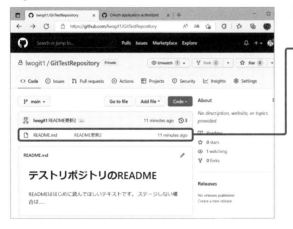

1 GitHub のリモートリポジトリのページを開きます。

2 「README.md」が確認できます。

リモートリポジトリにファイルが追加されると、上図の画面に変化します。この画面からクローンしたい場合は、**緑の< Code >ボタンをクリック**してください。吹き出しが表示され、< Open with GitHub Desktop >をクリックしてクローンできます。

リモートリポジトリの変更をプルする

次はリモートリポジトリ側の変更をローカルリポジトリにプルしてみましょう。
GitHubではWeb上でテキストファイルの編集を行えます。ここではそれを利用し
て、リモートリポジトリのファイルを変更します。

GitHub上でファイルを編集する

リモートリポジトリページの< Code >タブにはファイルの一覧が表示されており、そこ
からファイルを開いたり、簡単に編集したりすることができます。なお、README.md
はリポジトリの説明のために使われ、リモートリポジトリの先頭ページにプレビューとし
て表示されます。他のファイルは選択しないと内容を見ることはできません。

1 GitHubのリモートリポジトリの
ページを開きます。

2 < Code >タブが選ばれているこ
とを確認し、

3 編集したいファイルの名前をク
リックします。

4 鉛筆アイコン 🖉 をクリックする
と、

5 編集モードに切り替わります。

6 テキストを書き足します。

7 下にスクロールすると、変更をコミットする画面が現れるので、

8 ＜ Commit changes ＞をクリックします。

9 変更が完了しました。

VS Codeでプルする

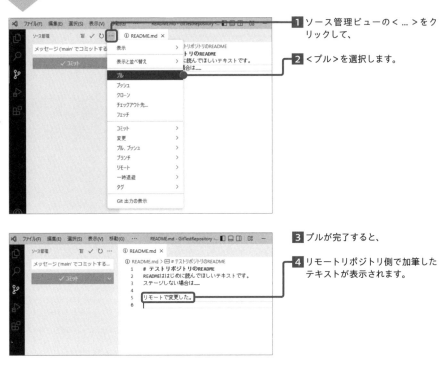

1 ソース管理ビューの< … >をク
リックして、

2 <プル>を選択します。

3 プルが完了すると、

4 リモートリポジトリ側で加筆した
テキストが表示されます。

プッシュやプルの代わりに、「同期」という機能もあります。これはプルしてからプッシュ
する機能です。通常はこちらを選んだほうが便利でしょう。

1 ソース管理ビューの< … >をク
リックして、

2 <プル、プッシュ>→<同期>を
選択します。

リモートリポジトリをオンラインのVS Codeで編集する

GitHub上のテキスト編集機能はかなりシンプルなものなので、通常ならファイルの編集はローカルリポジトリ側で行います。しかし、2022年のアップデートで**オンライン版VS Code**を利用できるようになりました。オンライン版では「プログラムのデバッグと実行ができない」「一部の拡張機能が利用できない」などの制限はありますが、デスクトップ版のVS Codeとほぼ同じように操作できます。VS Codeがインストールされたパソコンが手元にないときなどに役立つ機能です。

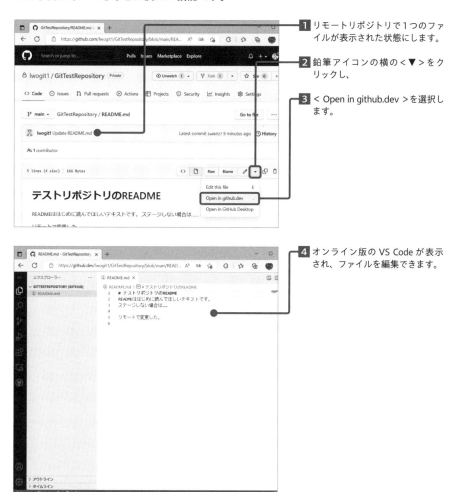

1 リモートリポジトリで1つのファイルが表示された状態にします。

2 鉛筆アイコンの横の<▼>をクリックし、

3 < Open in github.dev >を選択します。

4 オンライン版の VS Code が表示され、ファイルを編集できます。

ファイルのコンフリクトを解消する

共同作業中に、複数人が同じファイルの同じ場所を編集すると、コンフリクトが発生します。「マージの競合」という警告が表示されるので、該当箇所を編集して問題を解決し、マージコミットを行いましょう。

コンフリクトを発生させる

まずはリモートリポジトリとローカルリポジトリで異なるテキストを追加して、コンフリクトを発生させてみましょう。ここではGitHub上で編集してわざとコンフリクトを起こさせますが、実際の共同作業では、それぞれのローカルリポジトリ内で作業し、プッシュ／プルをした際にコンフリクトが発覚します。

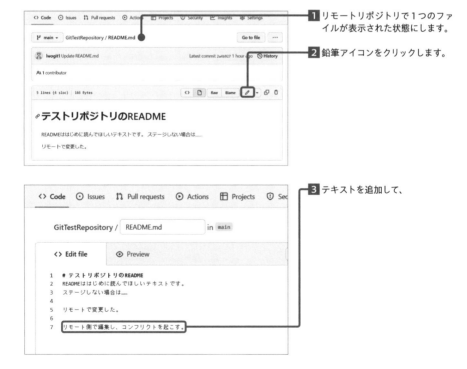

1 リモートリポジトリで1つのファイルが表示された状態にします。

2 鉛筆アイコンをクリックします。

3 テキストを追加して、

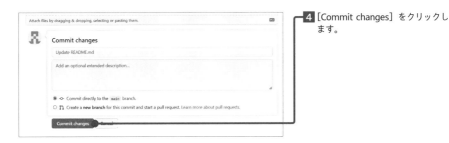

4 [Commit changes] をクリックします。

次はVS Code側で同じファイルの同じ場所にテキストを追加します。コミットをほぼ同時に発生させなければいけないので、**プルをする前にテキストを編集**してください。プルしてからテキストを変更してプッシュした場合、単に順番に編集しただけなのでコンフリクトは起きません。

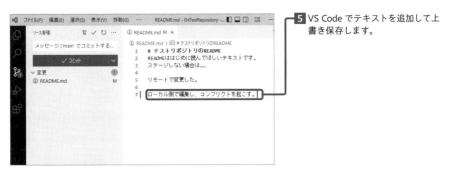

5 VS Code でテキストを追加して上書き保存します。

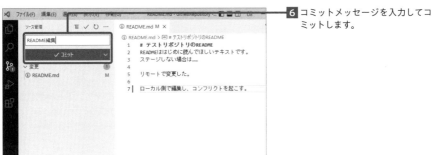

6 コミットメッセージを入力してコミットします。

コンフリクトが起きた状態でプッシュ／プルを行う

この状態で、プッシュ／プルを行うとコンフリクトが発生します。ここでは、プル→プッシュを連続して行う同期を利用します。

1 ソース管理ビューの< ... >をクリックして、

2 <プル、プッシュ>→<同期>を選択します。

ソース管理ビューに<変更の同期>ボタンが表示されている場合は、それをクリックしても同期できます。

3 「マージの競合があります。」と表示されるので、

4 コンフリクトしたファイルを確認します。

コンフリクトを解決する

コンフリクトの発生箇所は下図のように、両者の変更が併記された状態になっています。これを編集して、どちらかを残すか、両者を統合する形に修正するかしてコミットします。

1 ローカル側とリモート側の変更が併記されています。

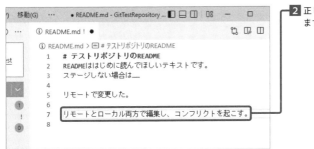

2 正しい形に修正して上書き保存します。

3 <コミット>をクリックします。

4 <プル、プッシュ>→<同期>を選択して、リモート側にも反映します。

5 GitHub Desktop の < History > タブを見ると、異なる変更がコミットされたことや、それらがマージされたことを確認できます。

```
<section>
007
```

他のパソコンでも同じ設定で VS Code を使う

VS CodeでGitHubにログインすると、それを利用して複数のVS Codeで設定を同期できます。複数のパソコンを使っていて、常に同じ設定で作業したい場合はオンにしましょう。

設定の同期をオンにする

設定の同期を利用するには、GitHubアカウントかMicrosoftアカウントでサインインする必要があります。先にGitHubを利用している場合は、自動的にサインインしているはずです。

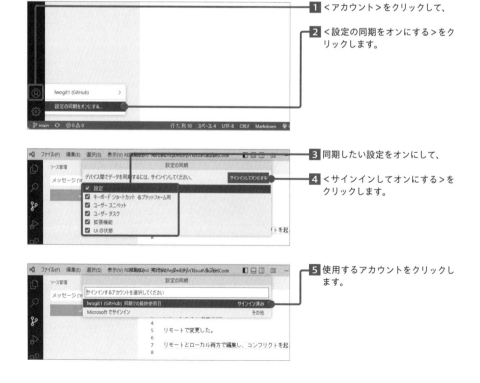

1 <アカウント>をクリックして、

2 <設定の同期をオンにする>をクリックします。

3 同期したい設定をオンにして、

4 <サインインしてオンにする>をクリックします。

5 使用するアカウントをクリックします。

別のパソコンで設定の同期をオンにする

別のパソコンで同じ設定を行ってみましょう。GitHubアカウントでサインインするところから進めます。

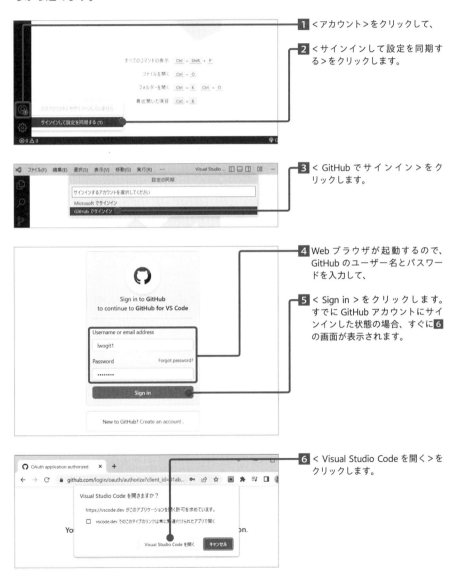

1 <アカウント>をクリックして、

2 <サインインして設定を同期する>をクリックします。

3 < GitHub でサインイン >をクリックします。

4 Web ブラウザが起動するので、GitHub のユーザー名とパスワードを入力して、

5 < Sign in >をクリックします。すでに GitHub アカウントにサインインした状態の場合、すぐに **6** の画面が表示されます。

6 < Visual Studio Code を開く>をクリックします。

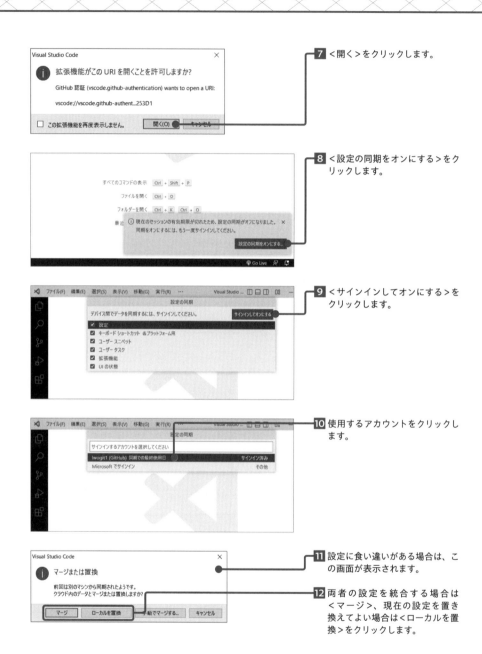

7 <開く>をクリックします。

8 <設定の同期をオンにする>をクリックします。

9 <サインインしてオンにする>をクリックします。

10 使用するアカウントをクリックします。

11 設定に食い違いがある場合は、この画面が表示されます。

12 両者の設定を統合する場合は<マージ>、現在の設定を置き換えてよい場合は<ローカルを置換>をクリックします。

Appendix

付録

主な設定ID一覧

本書には多くの設定ID（P.73参照）が登場しました。VS Codeには、紹介しきれないほど膨大な設定IDがあります。ここでは、紹介しきれなかったものを含めて、よく使われる設定IDをまとめました。

editor.autoClosingBrackets
エディターで左角かっこを追加したときに、自動的に右角かっこを挿入するか制御

設定値	説明
always	常に自動でかっこを閉じる
languageDefined	言語設定を利用し、いつ自動でかっこを閉じるか制御
beforeWhitespace	カーソルが空白文字の左にあるときのみ、かっこを自動で閉じる
never	自動でかっこを閉じない

editor.autoSave
自動保存の制御

設定値	説明
off	自動保存しない
afterDelay	files.autoSaveDelay値を経過後に自動保存
onForcusChange	エディターがフォーカスを失うと自動保存
onWindowChange	ウィンドウが変わると自動保存

editor.bracketPairColorization
角かっこのペアを彩色するか制御

editor.cursorStyle

カーソルのスタイル設定

設定値	説明
line	縦線
block	ブロック
underline	下線
line-htin	細い縦線
block-outline	ブロックの枠線
underline-thin	細い下線

editor.fontFamily

フォントの制御

editor.fontSize

フォントサイズをピクセル単位で制御

editor.formatOnPaste

(フォーマッタが有効の場合) 貼り付けたときに内容のフォーマットを制御

editor.formatOnSave

(フォーマッタが有効の場合) ファイルを保存するときに内容のフォーマットを制御

editor.incertSpaces

Tab キーを押したときにスペースを挿入する制御

editor.lineHeight

行の高さを制御

設定値	説明
0	フォントサイズから行の高さを自動計算
1~7	フォントサイズの乗算として使用
8以上	その値で高さを制御

editor.minimap.enable

ミニマップの表示を制御

editor.minimap.showSlider
ミニマップのスライダーを表示するタイミングを制御

設定値	説明
always	常に表示
mouseover	マウスオーバーしたときに表示

editor.minimap.side
ミニマップの表示場所の制御

設定値	説明
right	右側に表示
left	左側に表示

editor.mouseWheelZoom
Ctrl キー+マウスホイールでフォントサイズの拡大／縮小

editor.multiCursorPaste
ペーストするテキストとカーソル数が一致するときの制御

設定値	説明
spraed	カーソルごとにテキストを1行ずつ貼り付ける
full	各カーソルにテキストの全文を貼り付ける

editor.renderControlCharacters
制御文字の表示を制御

editor.scrollbar.horizontal
水平スクロールバーの表示を制御

設定値	説明
auto	必要な場合に表示
visible	常に表示
hidden	常に表示しない

editor.scrollbar.vertical
垂直スクロールバーの表示を制御

設定値	説明
auto	必要な場合に表示
visible	常に表示
hidden	常に表示しない

editor.tabSize
1つのタブに相当するスペースの数を制御

editor.wordWrap
行の折り返し方法の制御

設定値	説明
off	折り返ししない
on	エディターの幅で折り返す
wordWrapColumn	editor.wordWrapColumn の値の行で折り返す
bounded	エディター幅もしくはeditor.wordWrapColumn の最小値の行で折り返す

file.associations
言語に対するファイルの関連づけ
下記の例では、.txtファイルを開いたときに「novel」として表示されます。

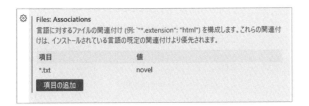

file.encoding
ファイルの読み取り／書き込みで使用する既定の文字エンコードを制御

files.insertFinalNewline
ファイル保存時に最新行を末尾に挿入

files.trimTrailingWhitespace
ファイル保存時に末尾の余分な空白を削除

workbench.colorTheme
VS Codeの配色テーマ設定

workbench.panel.defaultLocation
パネルの既定の場所を制御

設定値	説明
left	エディターの左側に表示
bottom	エディターの下側に表示
right	エディターの右側に表示

workbench.tree.indent
サイドバーのツリーのインデントを4以上40以下のピクセル単位で制御

explorer.copyRelativePathSeparator
相対ファイルパスをコピーするときに使うパスの区切り文字を制御

設定値	説明
/	スラッシュをパスの区切り文字として使用
\	バックスラッシュ（¥マーク）をパスの区切り文字として使用
auto	OSの特定のパスの区切り文字を使用

主なショートカット一覧

VS Code には、さまざまなショートカットキーが用意されています。ここではショートカットを用途ごとに分類してまとめました。すべて覚える必要はありませんが、少しずつショートカットキーを使った操作に慣れていきましょう。

基本

Windows	macOS	説明
Ctrl + Shift + P	command + shift + P	コマンドパレットを表示
Ctrl + P	command + P	ファイル検索
Ctrl + Shift + N	command + shift + N	新規ウィンドウを開く
Ctrl + Shift + W	command + shift + W	ウィンドウを閉じる
Ctrl + K → Ctrl + S	command + K → command + S	キーボードショートカットを開く
Ctrl + ,	command + ,	設定画面を開く

編集

Windows	macOS	説明
Ctrl + Enter	command + return	下に行を挿入
Ctrl + Shift + Enter	command + shift + return	上に行を挿入
Alt + ↑ / ↓	option + ↑ / ↓	行を上／下に移動
Shift + Alt + ↑ / ↓	shift + option + ↑ / ↓	行を上／下にコピー
Ctrl + C	command + C	選択範囲をコピー 範囲選択をしていないときは行をコピー
Ctrl + X	command + X	選択範囲を切り取り 範囲選択をしていないときは行を切り取り
Ctrl + Shift + K	command + shift + K	行を削除
Ctrl + Shift + /	command + shift + /	一致するブラケットへ移動
Ctrl +] / [	command +] / [	インデント／アウトデント
Ctrl + ↑ / ↓	command + ↑ / ↓	上下にスクロール

Windows	macOS	説明
Ctrl + Shift + [/]	command + shift + [/]	折りたたみ／展開
Ctrl + K → Ctrl + C	command + K → command + C	行コメントを追加
Ctrl + K → Ctrl + U	command + K → command + U	行コメントを削除
Ctrl + /	command + /	行コメントの切り替え
Shift + Alt + A	shift + option + A	ブロックコメントの切り替え
Alt + Z	option + Z	行の折り返しの切り替え
Shift + ← / →	shift + ← / →	1文字左／右に選択範囲を拡大
Shift + Alt + ← / →	control + command + shift + ← / →	単語単位で選択範囲を拡大

検索・置換

Windows	macOS	説明
Ctrl + F	command + F	検索
Ctrl + H	option + command + F	置換
F3 / Shift + F3	command + G / command + shift + G	次／前の検索結果へ移動
Alt + Enter	option + return	検索結果すべてを選択
Ctrl + D	command + D	次の検索ワードを選択

マルチカーソル

Windows	macOS	説明
Alt + クリック	option + クリック	カーソルを挿入
Ctrl + Alt + ↑ / ↓	command + option + ↑ / ↓	上／下にカーソルを挿入
Ctrl + D	command + D	選択を追加
Ctrl + U	command + U	最後のカーソル操作を取り消し
Shift + Alt + I	shift + option + I	選択したすべての行末にカーソルを挿入
Ctrl + Shift + L	command + shift + L	選択文字列と同じすべての文字列を選択
Shift + Alt + ドラッグ	shift + option + ドラッグ	矩形選択

ナビゲーション

Windows	macOS	説明
Ctrl + T	command + T	ワークスペースのシンボルへ移動
Ctrl + G	control + G	指定の行数へ移動
Ctrl + Shift + O	command + shift + O	ファイル内のシンボルへ移動
Ctrl + Shift + M	command + shift + M	問題パネルを表示
Alt + ← / →	control + ─ / ▭	前へ戻る／次へ進む

エディター管理

Windows	macOS	説明
Ctrl + W	command + W	エディター（タブ）を閉じる
Ctrl + Shift + T	command + shift + T	閉じたエディターを開く
Ctrl + K → F	command + K → F	フォルダを閉じる
Ctrl + 1 / 2 / 3	command + 1 / 2 / 3	1、2、3番目のエディターグループにフォーカス
Ctrl + K → Ctrl + ← / →	command + K → command + ← / →	左右のエディターグループをフォーカス
Ctrl + Shift + Pg Up / Pg Dn	command + option + ← / →	タブを移動
Ctrl + Pg Up / Pg Dn	command + K → command + shift + ← / →	タブを左右に移動

ファイル管理

Windows	macOS	説明
Ctrl + N	command + N	ファイルの新規作成
Ctrl + O	command + O	ファイルを開く
Ctrl + K → O	command + K → O	新規ウィンドウでファイルを開く
Ctrl + S	command + S	ファイルを保存
Ctrl + Shift + S	command + shift + S	名前を付けて保存
Ctrl + K → S	command + option + S	すべてを保存
Ctrl + K → Ctrl + W	command + K → command + W	ファイルすべてを閉じる
Ctrl + Tab / Ctrl + Shift + Tab	control + tab / control + shift + tab	前／後のファイルを開く

A

付録

Ctrl + K → P	command + K → P	ファイルのパスをコピー
Ctrl + K → R	command + K → R	ファイルをエクスプローラーで開く

画面

Windows	macOS	説明
F11	control + command + F	フルスクリーンの切り替え
Shift + Alt + 0	command + option + 0	エディターレイアウトの垂直／水平を切り替え
Ctrl + ＋ ／ －	command + ＋ ／ －	ズームイン／ズームアウト
Ctrl + B	command + B	サイドバーの表示切り替え
Ctrl + Shift + E	command + shift + E	サイドバーにエクスプローラービューを表示
Ctrl + Shift + F	command + shift + F	サイドバーに検索ビューを表示
Ctrl + Shift + H	command + shift + H	検索ビューの置換を開く
Ctrl + Shift + J	command + shift + J	検索ビューの検索詳細を切り替え
Ctrl + Shift + G	control + shift + G	サイドバーにソース管理ビューを表示
Ctrl + Shift + D	command + shift + D	サイドバーにデバッグビューを表示
Ctrl + Shift + X	command + shift + X	サイドバーに拡張機能ビューを表示
Ctrl + Shift + U	command + shift + U	出力パネルを表示
Ctrl + Shift + V	command + shift + V	Markdown をプレビュー表示
Ctrl + K → V	command + K → V	Markdown のプレビューを隣に表示
Ctrl + K → Z	command + K → Z	Zen モード切り替え

GitHubにサインアップして
Gitをインストールする

VS Code自体にはGitは含まれていないので、別にインストールする必要があります。また、GitHubにサインアップしてアカウントを取得しましょう。両者のユーザー名を合わせておくのがポイントです。

GitHubにサインアップする

GitとGitHubのどちらから先に準備してもいいのですが、GitHubのユーザー名は他の人と被らないものにする必要があるので、先に決めておきましょう。

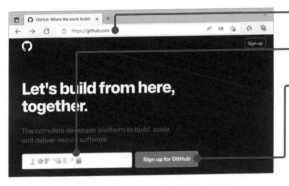

1 GitHub（https://github.com）を表示します。

2 アカウントの取得に使うメールアドレスを入力し、

3 < Sign up for GitHub >をクリックします。

4 < Continue > をクリックします。すでにGitHubで使用済みのメールアドレスの場合は、下に「already taken」と表示され、先に進めません。

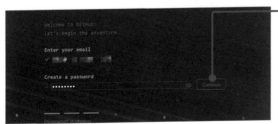

5 パスワードを決めて、< Continue >をクリックします。

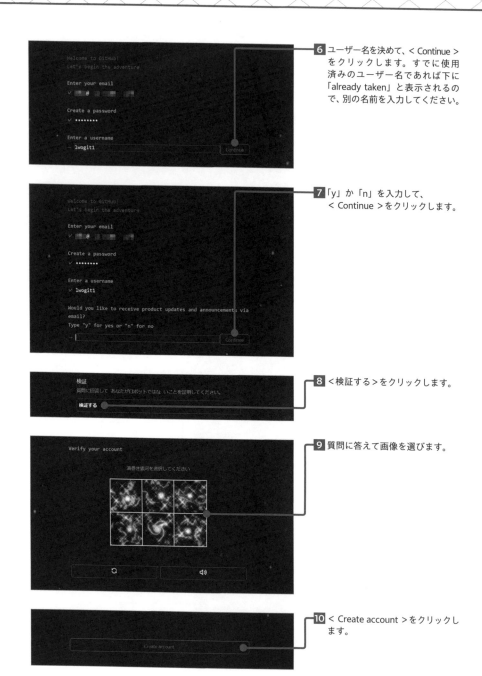

6 ユーザー名を決めて、< Continue > をクリックします。すでに使用済みのユーザー名であれば下に「already taken」と表示されるので、別の名前を入力してください。

7 「y」か「n」を入力して、< Continue >をクリックします。

8 <検証する>をクリックします。

9 質問に答えて画像を選びます。

10 < Create account >をクリックします。

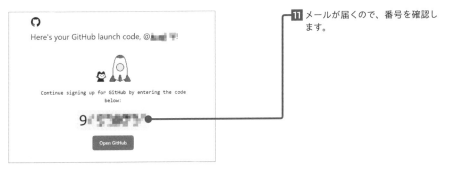

11 メールが届くので、番号を確認します。

12 GitHub のページに戻って番号を入力します。

WindowsにGitをインストールする

続いてGitをインストールします。Gitは公式Webサイト（https://git-scm.com/）からインストールすることもできますが、ここではWindows 10/11のWinGetコマンドを使ってインストールします。

1 Windows の場合は ■ キーを押し、

2 スタートメニューが表示されたら「wt」と入力して Enter キーを押します。または、■ボタンを右クリックして、「Windows ターミナル」をクリックします。

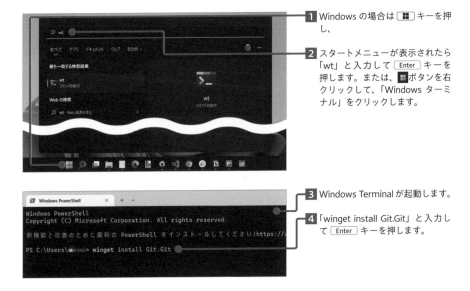

3 Windows Terminal が起動します。

4 「winget install Git.Git」と入力して Enter キーを押します。

5 インストールが開始されます。初めて Winget を使用する場合、「すべてのソース契約条件に同意しますか？」と表示されるので、「Y」と入力して Enter キーを押します。

6 ユーザーアカウント制御が表示されたら、<はい>をクリックします。

7 「インストールが完了しました」と表示されるまで待ちます。インストールが完了したら、一度ターミナルを閉じ、再度開き直します。

8 「git config --global user.name "ユーザー名"」というコマンドを入力して、ユーザー名を登録します。GitHub のユーザー名と合わせてください。

9 「git config --global user.email "メールアドレス"」というコマンドを入力して、メールアドレスを登録します。

macOSにGitをインストールする

macOSには少し古いバージョンのGitが付属しています。そのまま使うこともできますが、最新のものをインストールしておきましょう。

Gitをインストールする前に、macOS上で動作するパッケージ管理ツール「Homebrew」をインストールします。

1 Finderを起動します。

2 Homebrew（https://brew.sh/index_ja）にアクセスします。

3 スクリプトをコピーします。

4 「Launchpad」を開き、ターミナルを検索して起動します。

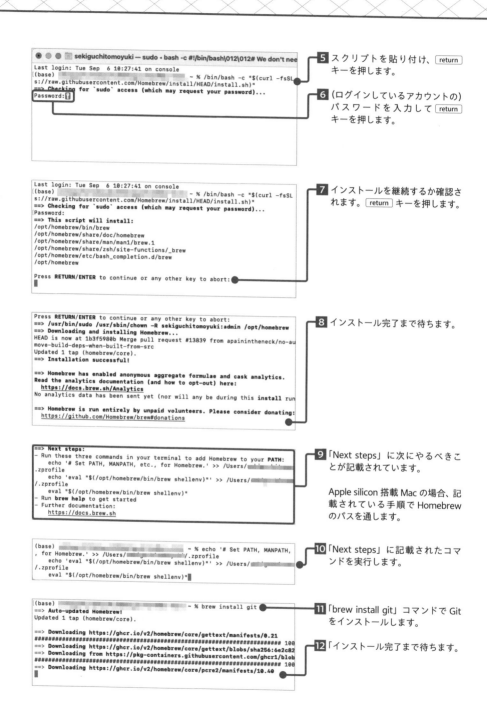

```
● ● ●    sekiguchitomoyuki — sudo ‹ bash -c #!/bin/bash\012\012# We don't nee
Last login: Tue Sep  6 10:27:41 on console
(base)                              ~ % /bin/bash -c "$(curl -fsSL
s://raw.githubusercontent.com/Homebrew/install/HEAD/install.sh)"
==> Checking for `sudo` access (which may request your password)...
Password:
```

5 スクリプトを貼り付け、[return] キーを押します。

6 (ログインしているアカウントの) パスワードを入力して [return] キーを押します。

```
Last login: Tue Sep  6 10:27:41 on console
(base)                              ~ % /bin/bash -c "$(curl -fsSL
s://raw.githubusercontent.com/Homebrew/install/HEAD/install.sh)"
==> Checking for `sudo` access (which may request your password)...
Password:
==> This script will install:
/opt/homebrew/bin/brew
/opt/homebrew/share/doc/homebrew
/opt/homebrew/share/man/man1/brew.1
/opt/homebrew/share/zsh/site-functions/_brew
/opt/homebrew/etc/bash_completion.d/brew
/opt/homebrew

Press RETURN/ENTER to continue or any other key to abort:
```

7 インストールを継続するか確認されます。[return] キーを押します。

```
Press RETURN/ENTER to continue or any other key to abort:
==> /usr/bin/sudo /usr/sbin/chown -R sekiguchitomoyuki:admin /opt/homebrew
==> Downloading and installing Homebrew...
HEAD is now at 1b3f5980b Merge pull request #13839 from apainintheneck/no-au
move-build-deps-when-built-from-src
Updated 1 tap (homebrew/core).
==> Installation successful!

==> Homebrew has enabled anonymous aggregate formulae and cask analytics.
Read the analytics documentation (and how to opt-out) here:
  https://docs.brew.sh/Analytics
No analytics data has been sent yet (nor will any be during this install run

==> Homebrew is run entirely by unpaid volunteers. Please consider donating:
  https://github.com/Homebrew/brew#donations
```

8 インストール完了まで待ちます。

```
==> Next steps:
- Run these three commands in your terminal to add Homebrew to your PATH:
    echo '# Set PATH, MANPATH, etc., for Homebrew.' >> /Users/
.zprofile
    echo 'eval "$(/opt/homebrew/bin/brew shellenv)"' >> /Users/
/.zprofile
    eval "$(/opt/homebrew/bin/brew shellenv)"
- Run brew help to get started
- Further documentation:
    https://docs.brew.sh
```

9 「Next steps」に次にやるべきことが記載されています。

Apple silicon 搭載 Mac の場合、記載されている手順で Homebrew のパスを通します。

```
(base)                              ~ % echo '# Set PATH, MANPATH,
, for Homebrew.' >> /Users/                       /.zprofile
    echo 'eval "$(/opt/homebrew/bin/brew shellenv)"' >> /Users/
/.zprofile
    eval "$(/opt/homebrew/bin/brew shellenv)"
```

10 「Next steps」に記載されたコマンドを実行します。

```
(base)                              ~ % brew install git
==> Auto-updated Homebrew!
Updated 1 tap (homebrew/core).

==> Downloading https://ghcr.io/v2/homebrew/core/gettext/manifests/0.21
####################################################### 100
==> Downloading https://ghcr.io/v2/homebrew/core/gettext/blobs/sha256:6e2c82
==> Downloading from https://pkg-containers.githubusercontent.com/ghcr1/blob
####################################################### 100
==> Downloading https://ghcr.io/v2/homebrew/core/pcre2/manifests/10.40
```

11 「brew install git」コマンドで Git をインストールします。

12 「インストール完了まで待ちます。

```
Last login: Tue Oct  4 15:48:26 on ttys000
(base) ███████████████████████████  ~ % open ~/.zshrc█
```

13 「open ~/.zshrc」コマンドを実行します。

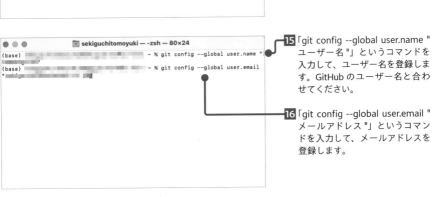

```
● ● ●                           🗎 .zshrc
██████████████████████████████████████████████████
██████████████████████████████
██████████████████████████████████████████
██████████████████████████████████████
████████████████████████████████████████████████
████████████████████
██████████

export PATH=/usr/local/bin/git:$PATH
```

14 .zshrc ファイルの末尾に「export
PATH=/usr/local/bin/git:$PATH」
と入力します。

```
● ● ●        🗎 sekiguchitomoyuki — -zsh — 80×24
(base) ████████████████████  ~ % git config --global user.name "
(base) ████████████████████  ~ % git config --global user.email
"████████████ ███
```

15 「git config --global user.name "
ユーザー名 "」というコマンドを
入力して、ユーザー名を登録しま
す。GitHub のユーザー名と合わ
せてください。

16 「git config --global user.email "
メールアドレス "」というコマン
ドを入力して、メールアドレスを
登録します。

A

<ruby><rb>付</rb><rt>録</rt></ruby>

INDEX

┃ 著者プロフィール ┃

リブロワークス

「ニッポンのITを本で支える！」をコンセプトに、主にIT書籍の企画、編集、デザインを手がけるプロダクション。SE出身のスタッフも多い。最近の著書は『やさしくわかるHTML&CSSの教室』（技術評論社）、『Notionプロジェクト管理完全入門』（インプレス）、『2023年度版 みんなが欲しかった！ITパスポートの教科書&問題集』（TAC出版）、『Windows 11 やさしい教科書［改訂第2版 Home／Pro対応］』（SBクリエイティブ）など。

https://www.libroworks.co.jp/

■ お問い合わせについて

・ ご質問は本書に記載されている内容に関するものに限定させていただきます。本書の内容と関係のないご質問には一切お答えできませんので、あらかじめご了承ください。

・ 電話でのご質問は一切受け付けておりませんので、FAXまたは書面にて下記までお送りください。また、ご質問の際には書名と該当ページ、返信先を明記してくださいますようお願いいたします。

・ お送り頂いたご質問には、できる限り迅速にお答えできるよう努力いたしておりますが、お答えするまでに時間がかかる場合がございます。また、回答の期日をご指定いただいた場合でも、ご希望にお応えできるとは限りませんので、あらかじめご了承ください。

・ ご質問の際に記載された個人情報は、ご質問への回答以外の目的には使用しません。また、回答後は速やかに破棄いたします。

■ カバーデザイン── クオルデザイン（坂本真一郎）
■ カバーイラスト── サカモトアキコ
■ 本文デザイン── リブロワークス・デザイン室
■ 組版──────── リブロワークス

ノンプログラマーのための
Visual Studio Code実践活用ガイド

2023年5月6日 初版 第1刷発行

著　者　リブロワークス
発行者　片岡 巌
発行所　株式会社技術評論社
　　　　東京都新宿区市谷左内町21-13
　　　　電話　　03-3513-6150　販売促進部
　　　　　　　　03-3513-6160　書籍編集部
印刷／製本　日経印刷株式会社

ISBN978-4-297-13435-8 C3055　　　　　　　Printed in Japan

■ 問い合わせ先
〒 162-0846
東京都新宿区市谷左内町 21-13
株式会社技術評論社 書籍編集部
「ノンプログラマーのための
Visual Studio Code 実践活用ガイド」
質問係

FAX：03-3513-6167
URL：https://book.gihyo.jp/116